駿台予備学校生物科講師
河崎健吾

生物・
生物基礎の
グラフ データ の
の読み方が1冊で
しっかりわかる本

かんき出版

はじめに

　はじめまして。駿台予備学校生物科の河崎健吾です。

　私は，大学，大学院に在学中からおもに大学受験生を中心に予備校で指導を行ってきました。現在は，駿台予備学校で大学受験生に生物を教えています。生物を学習し始めたばかりの受験生から，大学入学共通テスト（以下，共通テスト）に向けて生物基礎を学ぶ文系の受験生，国立・私立の医学部や東大を志望する受験生までさまざまな学力の生徒たちを指導しています。

　みなさんを指導している際，毎年多くの生徒から次のような質問を受けます。

　「この問題はどうしていいかわからない，どこを見てどうやって解くのですか？」

　つまり，問題文に出てきた生物用語がわからないのではなく，どこに着目して解けばいいのかまったくわからない，ということなのです。なぜ，この手の質問が多いのか？　実は，原因ははっきりしています。特定の分野の知識が不足しているのではなく，**問題で与えられた図表やグラフの読み取りが正確にできていない**のです。

「できない」のではなく「知らない」だけ

　我々教える側は，ふだんの授業ではおもに「生物基礎」や「生物」

の教科書で取り扱う生命現象について，みなさんが理解できるように時間をかけて説明します。教科書や入試問題にみられる図表やグラフの読み取り方は，「生物基礎」や「生物」の教科書で学習する内容ではありません。厳しい言い方をすれば，**高校に入るまでに当然身につけているもの**と考えられているでしょう。よって，教える側の講師も図表やグラフの読み取り方について，授業中に時間をかけて1から教えることはほとんどありません。

　では，どこでいつ図表やグラフの読み取り方を習うのでしょうか？実は明確に中学や高校でそのような読み取りの練習を行う場面があるわけではありません。多くの生徒にとって図表やグラフの読み取り方は，中学の数学，社会，理科から高校の化学や生物を学習する過程で自然と身につくもので，当然個人差が生じます。そのため，図表やグラフを読み取るときに，このくらいは言わなくてもできるだろうと講師が思っていることを，実は多くの生徒ができていないことに驚きます。

　授業で入試問題を解くときに図表やグラフが出ると，私は1からていねいに読み取り方を解説することにしています。グラフが出れば，縦軸と横軸は何を意味しているか，縦軸と横軸の単位は何か，などから始まり，グラフの形から何が読み取れるか，重要な箇所をいくつかプロットして具体的に何を意味しているか，しつこく説明します。とても当たり前のことですが，なんとなくグラフを見るだけの学生が多く，それが問題を解けない原因であることに気づいていない生徒もまた多いのです。同じタイプのグラフが出ても繰り返し説明することで，生徒にはグラフを正確に読み取る習慣を身につけてもらいます。理科系の人間として，なんとなくではなく正確にグラフを読んでもらうた

めです。

　現在，図表やグラフの読み取りが苦手なみなさんは自分を責める必要はありません。**これまできちんと学習する機会がなかっただけ**なのですから。

扱っているのは「図」「表」「グラフ」の読み取りだけ

　この本は他の参考書や問題集とは異なります。通常，問題集では教科書で学習する分野順に問題が並んでいますが，この問題集では，図表やグラフの読み取り方によって分類された問題が各章に並んでいます。つまり，「生物基礎」と「生物」で学習する分野によらず，入試問題で合否を決める図表やグラフの読み取りをターゲットにして練習を繰り返してもらうことになります。

　本書内に掲載した55問は，他の人と差がつく図表やグラフの読み取りに関する問題に絞っています。つまり，多くの入試問題で見られる穴埋めの知識問題や論述問題はカットしてあるため，設問数は少なく，図表やグラフの読み取りに集中でき，短期間にやり終えることができます。どの問題から始めても構いません。自分の学習進度に合わせて学校で学習した範囲の問題を選んで解いていっても構いません。自分の気になるところからやっても構いません。重要なことは，図表やグラフを読み取る問題を集中して解くことで，図表とグラフを読み取り分析して考察する力を養うことです。

これからの入試に必須のスキル

2021年，これまでのセンター試験に替わって共通テストが始まりました。共通テストで重視されることの一つに，「初見の図表やグラフから情報・データを読み取り，分析して考察する力」があります。これは膨大な高校生物の知識を暗記して問題を解くことを目指すのではなく，生物や生物基礎で学習した少ない基本原理をもとに，初めて見る図表やグラフを正確に読み取り，そこで得られた情報から重要な生物学的意義や意味を見出すことに他ならないのです。

　今後は共通テストに限らず，国立・私立・学部を問わず生物の入試問題はこのような力を問う試験になっていくでしょう。

　この本で勉強することで，これまで苦手にしていた図表やグラフの読み取りに自信がもてるようになることを願っています。

2021年3月　河崎 健吾

第 1 章 図表や数値から傾向を読み取る問題

第 2 章 複数の実験結果や現象を比較する問題

第 3 章 同じ形式の複数のグラフを
比較する問題

第6章　与えられた条件から
グラフの形を推定する問題

本書の特長と使い方

著者の河崎先生が厳選したグラフ・データの読み取り問題です。まずは自力で解いてみてください。解ければそれに越したことはありませんが、解けなくても OK。なぜ解けなかったのかを考えながら、次のページに進みましょう。

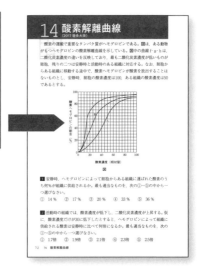

問題をもう一度掲載します。河崎先生が、グラフ・データに注釈を加えながら、ていねいに解説してくれます。

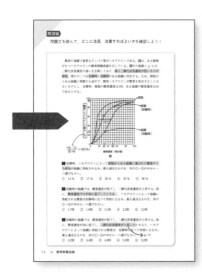

本書のテーマは，高校生物，生物基礎の「グラフ・データの読み取り問題の対策」です。

特に「実験・考察問題」に出題されるグラフの読み方，データの分析のしかたについて，ていねいに解説しました。ポイントは「目のつけどころ」です。本書をフル活用すれば，グラフ・データの読み取り問題が得点源になります。

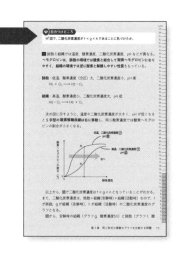

問題を効果的に解くための，グラフ・データの「目のつけどころ」を明示しています。問題の解説もあわせて読めば，知識と解法が同時に身につきます。また，「到達度メーター」でどこまで学習したかがひと目でわかります。

解説を最後まで読み終えたら，最後に解答を確認しましょう。可能であれば，もう一度冒頭の問題に戻って，「目のつけどころ」を確認しましょう。

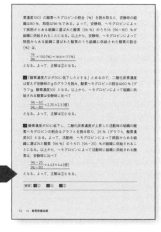

カバーデザイン●喜來詩織(エントツ)
本文デザイン●ホリウチミホ(ニクスインク)
本文イラスト●恒松尚次(熊アート)
DTP●フォレスト
編集協力●株式会社オルタナプロ, 高瀬桃子(桃夭舎)

第 1 章

図表や数値から
傾向を読み取る
問題

01 顕微鏡観察
（2017 愛知淑徳大学改）

問

図1のタマネギの4枚の鱗片葉1～4を取り出し，それぞれの最も厚みのある中央部の内側の表皮を5 mm四方位の大きさではぎ取り，酢酸オルセインで染色して光学顕微鏡で観察した。そして**図2**に示すような長方形に見える表皮細胞の長径と短径を測って，測定結果の平均値をもとに**表1**を作成した。次に，鱗片葉1～4のそれぞれの内側の表皮の総面積S μm^2と**表1**の測定値の長径×短径で求められる表皮細胞の面積s μm^2を調べ，$\frac{S}{s}$の値を求めると次の**表2**のようになった。

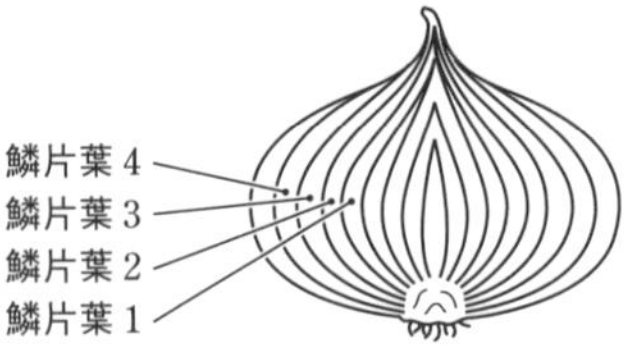

図1

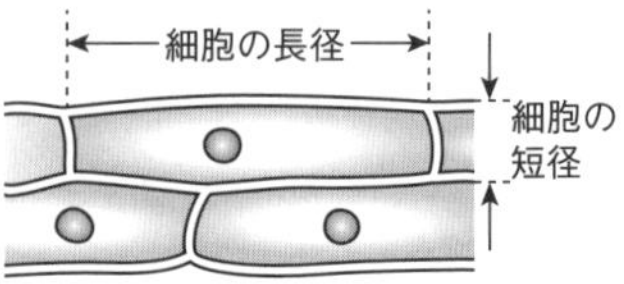

図2

表1　細胞の大きさ（長径×短径，単位：μm）

	鱗片葉1	鱗片葉2	鱗片葉3	鱗片葉4
大きさ	244.9×51.3	307.2×58.9	349.0×64.0	422.0×70.0

表2

	鱗片葉1	鱗片葉2	鱗片葉3	鱗片葉4
細胞の面積s（μm^2）	12,563	18,094	22,336	29,540
$\frac{S}{s}$	89,979,000	89,962,000	89,971,000	89,969,000

問 **表1**と**表2**から判断して，次の①～⑥の記述のうちから適当なものを，二つ選べ。

① 単位面積当たりの細胞数は外側ほど多く，細胞の形は内側ほど細長い。

② 単位面積当たりの細胞数は内側ほど多く，細胞の形は外側ほど細長い。

③ 単位面積当たりの細胞数は外側と内側で等しく，細胞の形は外側ほど細長い。

④ 鱗片葉当たりの細胞数は外側の細胞ほど多いので，タマネギの鱗片葉の成長は各々の細胞が大きくなった結果によるものと考えられる。

⑤ 鱗片葉当たりの細胞数は外側と内側ではほとんど変わらないので，タマネギの鱗片葉の成長は細胞数が増えた結果によるものと考えられる。

⑥ 鱗片葉当たりの細胞数は外側と内側ではほとんど変わらないので，タマネギの鱗片葉の成長は細胞が大きくなった結果によると考えられる。

解説編

問題文を読んで，どこに注目，注意すればよいかを確認しよう！

　図1のタマネギの4枚の鱗片葉1〜4を取り出し，それぞれの最も厚みのある中央部の内側の表皮を5mm四方位の大きさではぎ取り，酢酸オルセインで染色して光学顕微鏡で観察した。そして**図2**に示すような長方形に見える表皮細胞の長径と短径を測って，測定結果の平均値をもとに**表1**を作成した。次に，鱗片葉1〜4のそれぞれの内側の表皮の総面積 $S\,\mu m^2$ と**表1**の測定値の長径×短径で求められる表皮細胞の面積 $s\,\mu m^2$ を調べ，$\dfrac{S}{s}$ の値を求めると次の**表2**のようになった。

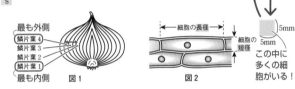

最も外側
鱗片葉4
鱗片葉3
鱗片葉2
鱗片葉1
最も内側　**図1**

←細胞の長径→　細胞の短径　**図2**

5mm
5mm
この中に多くの細胞がいる！

表1 細胞の大きさ（長径×短径，単位：μm）

内側←　　　　　　　　　　　　　　　　→外側

	鱗片葉1	鱗片葉2	鱗片葉3	鱗片葉4
大きさ	244.9×51.3	307.2×58.9	349.0×64.0	422.0×70.0

小←　　　　長径・短径　　　　→大

内側←　　　　　　**表2**　　　　　→外側

	鱗片葉1	鱗片葉2	鱗片葉3	鱗片葉4
細胞の面積s (μm²)	12,563	18,094	22,336	29,540
$\dfrac{S}{s}$	89,979,000	89,962,000	89,971,000	89,969,000

小→大

ほぼ一定！

問 **表1**と**表2**から判断して，次の①〜⑥の記述のうちから適当なものを，二つ選べ。

① 単位面積当たりの細胞数は外側ほど多く，細胞の形は内側ほど細長い。

② 単位面積当たりの細胞数は内側ほど多く，細胞の形は外側ほど細長い。

③ 単位面積当たりの細胞数は外側と内側で等しく，細胞の形は外側ほど細長い。

④ 鱗片葉当たりの細胞数は外側の細胞ほど多いので，タマネギの鱗片葉の成長は各々の細胞が大きくなった結果によるものと考えられる。

⑤ 鱗片葉当たりの細胞数は外側と内側ではほとんど変わらないので，タマネギの鱗片葉の成長は細胞数が増えた結果によるものと考えられる。

⑥ 鱗片葉当たりの細胞数は外側と内側ではほとんど変わらないので，タマネギの鱗片葉の成長は細胞が大きくなった結果によるものと考えられる。

👁 目のつけどころ

✓ 表1から，外側の細胞ほど大きくなっていることに気づけたか。

✓ 表2から，どの鱗片葉の細胞数もほぼ一定であることに気づけたか。

問 表1では，鱗片葉1～4の5mm四方位の大きさに含まれる多くの細胞について，**長径と短径の平均値**が示してある。ここで，**表1**をみて外側ほど長径，短径ともに大きくなることに気づくことが正解へのポイントとなる。つまり，**外側ほど表皮細胞1個の大きさが大きい**ということになる。この設問では，単位面積当たり，つまり同じ面積当たりの細胞数について比較することが求められている。単位面積当たりの細胞数は，次の式で求められる。

$$単位面積当たりの細胞数 = \frac{単位面積}{細胞1個の大きさ}$$

細胞1個の大きさ（長径×短径）は内側ほど小さいので，**単位面積当たりの細胞数は，内側ほど多い**ことがわかる。よって，②が正解となる。

表2では，$\frac{S}{s}$ が何を意味するのかを考えることが求められている。

$\frac{S}{s}$ とは，次の式のように，鱗片葉の内側の表皮の細胞数を示している。

$$\frac{S}{s} = \frac{鱗片葉の内側の表皮の総面積}{表皮細胞1個の表面積}$$

$$= 鱗片葉の内側の表皮の細胞数$$

表2から，**表皮の細胞数は，どの鱗片葉でもほぼ一定である**のに対し，細胞1個の面積は，外側ほど大きくなっていることがわかる。つまり，分裂などで細胞数が増えるのではなく，細胞が大きくなることで，鱗片葉の成長が起こることがわかる。よって，⑥が正解となる。

[解答] **問** ②，⑥

----

02 ゲノムの塩基対数と遺伝子数

（2019 大阪医科大　看護改）

　生物個体の発生と生存に必要なすべての遺伝情報をゲノムという。1つの細胞に含まれるゲノムの大きさは生物種によって異なる。ゲノムの大きさは塩基対数で示すことができる。表はいろいろな生物のゲノムの大きさと遺伝子数をまとめたものである。

表　いろいろな生物のゲノムの大きさと遺伝子数（概数）

生物名	ゲノムの大きさ	遺伝子数
大腸菌	460万	4500
シロイヌナズナ	1億3000万	2万7000
メダカ	7億	2万
ヒト	30億	2万

問　下線部について，表に関する説明として最も適当なものを，次のa〜eのうちからすべて選びなさい。ただし，表中の生物の1個の遺伝子の大きさ（塩基対数）は等しいものとする。

a　ゲノムの大きさと遺伝子数は比例する。

b　からだが大きくなるにつれて，遺伝子数が増加する。

c　原核生物は，表の真核生物と比べると，ゲノムの大きさが大きい。

d　ゲノム情報が遺伝子として利用される割合は大腸菌が最も高い。

e　脊椎動物では，からだの構造の複雑さと遺伝子数の間に相関は見られない。

解説編

問題文を読んで，**どこに注目，注意すればよいか**を確認しよう！

生物個体の発生と生存に必要なすべての遺伝情報をゲノムという。1つの細胞に含まれるゲノムの大きさは生物種によって異なる。<u>ゲノムの大きさは塩基対数で示すことができる。</u>表はいろいろな生物のゲノムの大きさと遺伝子数をまとめたものである。

表　いろいろな生物のゲノムの大きさと遺伝子数(概数)

	生物名	ゲノムの大きさ	遺伝子数	
原核生物 {	大腸菌	460万	4500	
真核生物 {	シロイヌナズナ	1億3000万	2万7000	←最大
	メダカ	7億	2万	
	ヒト	30億	2万	

脊椎動物　　植物　　最大

問 下線部について，表に関する説明として最も適当なものを，次のa～eのうちからすべて選びなさい。ただし，表中の生物の1個の遺伝子の大きさ（塩基対数）は等しいものとする。

a　ゲノムの大きさと遺伝子数は比例する。

b　からだが大きくなるにつれて，遺伝子数が増加する。

c　原核生物は，表の真核生物と比べると，ゲノムの大きさが大きい。

d　ゲノム情報が遺伝子として利用される割合は大腸菌が最も高い。

e　脊椎動物では，からだの構造の複雑さと遺伝子数の間に相関は見られない。

$$\frac{(1個の遺伝子の大きさ)×遺伝子数}{ゲノムの大きさ}$$

☑ 表から，ゲノムの大きさと遺伝子数に相関がみられないことに気づけたか。

　表をもとに，ａ〜ｅについて検討してみる。

ａ　誤り。**ゲノムの大きさと遺伝子数が比例する**のであれば，最もゲノムの塩基対数が多いヒトで遺伝子数が最大となるはずであるが，ヒトよりもゲノムの塩基対数が少ないシロイヌナズナのほうが遺伝子数が多い。

ｂ　誤り。ヒトよりもからだの小さいシロイヌナズナのほうが，遺伝子数が多い。

ｃ　誤り。**表**で原核生物は大腸菌だけであり，他の３種の真核生物よりもゲノムの塩基対数は少ない。

ｄ　正しい。「**表**中の生物の１個の遺伝子の大きさ（塩基対数）は等しいものとする」とあるので，遺伝子の大きさ（塩基対数）を x とすると，ゲノム情報が遺伝子として利用される割合は，$\dfrac{遺伝子数 \times x}{ゲノムの大きさ}$ となり，大腸菌の，$\dfrac{4500 \times x}{4600000}$ が最も大きい。

ｅ　正しい。例えば，同じ脊椎動物の魚類のメダカよりも哺乳類のヒトのほうが，からだの構造は複雑であるが，遺伝子数は等しくなっている。

[解答]　**問** ｄ，ｅ

03 家系図・伴性遺伝

（2015 中部大改）

次の図は，色覚異常と血友病の遺伝子をもつ家族の家系図である。これらの遺伝子はいずれも X 染色体上のみにあり，不完全連鎖の関係にある。○は女性，□は男性を表し，■は色覚異常を，=■=は色覚異常でかつ血友病であることを示す。図のなかの番号は特定の個人を表す。なお，解答群にある横棒は X 染色体を示し，色覚異常の遺伝子を c，血友病の遺伝子を h とし，それぞれの優性対立遺伝子を C と H で示すこととする。

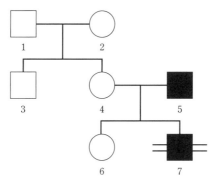

図　色覚異常と血友病の遺伝子をもつ家族の家系図

問1 番号 2 の女性の遺伝子型を，解答群の（ア）～（ク）のうちから二つ選べ。

問2 番号 4 の女性の遺伝子型を，解答群の（ア）～（ク）のうちから一つ選べ。

問3 番号 6 の女性の遺伝子型を，次の解答群の（ア）～（ク）のうちから二つ選べ。

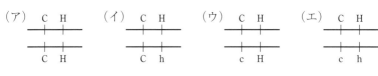

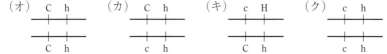

問題文を読んで，**どこに注目，注意すればよいか**を確認しよう！

次の図は，色覚異常と血友病の遺伝子をもつ家族の家系図である。これらの遺伝子はいずれも X 染色体上のみにあり，不完全連鎖の関係にある。○は女性，□は男性を表し，■は色覚異常を，=■=は色覚異常でかつ血友病であることを示す。図のなかの番号は特定の個人を表す。なお，解答群にある横棒は X 染色体を示し，色覚異常の遺伝子を c，血友病の遺伝子を h とし，それぞれの優性対立遺伝子を C と H で示すこととする。

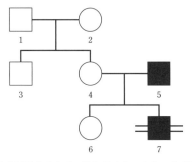

図　色覚異常と血友病の遺伝子をもつ家族の家系図

問1 番号2の女性の遺伝子型を，解答群の(ア)～(ク)のうちから二つ選べ。

問2 番号4の女性の遺伝子型を，解答群の(ア)～(ク)のうちから一つ選べ。

問3 番号6の女性の遺伝子型を，次の解答群の(ア)～(ク)のうちから二つ選べ。

(ア)　C H
　　　─┼─
　　　C H

(イ)　C H
　　　─┼─
　　　C h

(ウ)　C H
　　　─┼─
　　　c H

(エ)　C H
　　　─┼─
　　　c h

(オ)　C h
　　　─┼─
　　　C h

(カ)　C h
　　　─┼─
　　　c h

(キ)　c H
　　　─┼─
　　　C h

(ク)　c h
　　　─┼─
　　　c h

😀 目のつけどころ

✔ 図で，まず男性の遺伝子型を決定することに気づけたか。

　本文から，色覚異常の遺伝子（C，c）と血友病の遺伝子（H，h）は，いずれも X 染色体上に存在し，**不完全連鎖**の関係にあり，**伴性遺伝**することがわかっている。伴性遺伝では，男性にまず着目する！　X 染色体を1本しかもたない男性では，X 染色体上の遺伝子が劣性（潜性）でも表現型に現れるため，伴性遺伝では，次のように男性の表現型はそのまま遺伝子型となる。

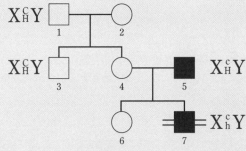

図　色覚異常と血友病の遺伝子をもつ家族の家系図

問1，問2 男性の遺伝子型をもとに次の①～③の順に考えて，番号2と番号4の女性の遺伝子型を決定していく。

① 番号4の女性は，父親（番号1）の X 染色体を必ずもらうので X_H^C をもつ。

② 番号7の男性 $X_h^c Y$ の X_h^c は母親（番号4）から X 染色体を必ずもらうので，番号4の女性は X_h^c をもつ。よって，①とあわせて番号4の女性の遺伝子型は（エ）となる。

③ 番号4の女性がもつ X_h^c は，母親（番号2）からもらったことがわかり，番号2の女性はいずれの病気も発症していないので，正常な C と H をもつことがわかる。番号2の女性から番号4の女性へ X_h^c が伝わるのは，番号2の女性の遺伝子型が $X_H^C X_h^c$ もしくは $X_h^C X_H^c$ の場合であり，番号2の女性の遺伝子型は（エ）または（キ）となる。なお，番号2の女性の遺伝子型が $X_h^C X_H^c$ のとき，乗換えによって $X_H^C X_h^c$ に組み換わり，そのうちの X_h^c

が番号4の女性に伝わる。

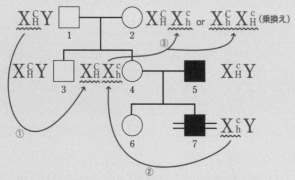

図 色覚異常と血友病の遺伝子をもつ家族の家系図

問3 **問2**で決定した番号4の女性の遺伝子型（$X_H^c X_h^c$）と番号5の男性の遺伝子型（$X_H^c Y$）から次の①，②の順に考えて，番号6の女性の遺伝子型を決定していく。

① 番号6の女性は，父親（番号5）から必ず X_H^c をもらう。

② 番号6の女性は母親（番号4，$X_H^c X_h^c$）からX染色体を1本もらう。C(c) と H(h) は不完全連鎖の関係にあるので乗換えが起こることを考慮すると，番号4の女性が生じる配偶子の遺伝子型は4通り（X_H^c，X_h^c，X_H^c，X_h^c）あるが，番号6の女性は色覚異常を発症していないので，母親（番号4）からCをもらう必要がある。また，父親（番号5）からHをもらっているので，母親（番号4）の女性からHもしくはhのどちらをもらっても番号6の女性は血友病を発症しない。よって，番号6の女性が母親（番号4）からもらうX染色体は，X_H^c または X_h^c となる。

　以上より，番号6の女性は，（ウ）または（キ）となる。

1 — 2

3 — $X_H^C X_h^c$ — 4 — 5 ■ $X_H^c Y$

配偶子
(乗換えあり)

6 — 7 ■ $X_h^c Y$

$X_H^C, X_h^C, X_H^c, X_h^c$

の4通り生じる

X_H^C or X_H^c — ②

X_H^c — ①

[解答]　**問1** (エ)，(キ)　　**問2** (エ)　　**問3** (ウ)，(キ)

---

04 分子進化

(2019 玉川大)

あるタンパク質のアミノ酸配列を，L種～P種のそれぞれの間で比較し，異なっているアミノ酸の数を調べた。その結果，以下の**表**のような結果が得られた。これを元に作成した分子系統樹を**図**に示す。これに関して，次の **1** ，**2** に答えよ。

表

	L種	M種	N種	O種	P種
L種					
M種	6				
N種	12	11			
O種	8	7	12		
P種	4	6	13	9	

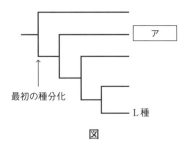

最初の種分化

図

1 図の ア に入る生物種として最も適当なものはどれか。次の①～④のうちから一つ選べ。

① M種 　② N種 　③ O種 　④ P種

2 化石の調査より，L種がM種と種分化したのは今から3000万年前だと判明している。図の矢印で示す最初の種分化が起きた時期として，最も適当なものはどれか。次の①～⑥のうちから一つ選べ。

① 6000万年前 　　② 1億2000万年前 　　③ 1億8000万年前
④ 2億4000万年前 　　⑤ 3億6000万年前 　　⑥ 5億2000万年前

解説編

問題文を読んで，**どこに注目，注意すればよいか**を確認しよう！

あるタンパク質のアミノ酸配列を，L種〜P種のそれぞれの間で比較し，異なっているアミノ酸の数を調べた。その結果，以下の表のような結果が得られた。これを元に作成した分子系統樹を図に示す。これに関して，次の ①，② に答えよ。

表

	L種	M種	N種	O種	P種
L種					
M種	6				
N種	12	11			
O種	8	7	12		
P種	4	6	13	9	

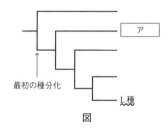

図

① 図の ア に入る生物種として最も適当なものはどれか。次の①〜④のうちから一つ選べ。

① M種　　② N種　　③ O種　　④ P種

② 化石の調査より，L種がM種と種分化したのは今から3000万年前だと判明している。図の矢印で示す最初の種分化が起きた時期として，最も適当なものはどれか。次の①〜⑥のうちから一つ選べ。

① 6000万年前　　② 1億2000万年前　　③ 1億8000万年前

④ 2億4000万年前　　⑤ 3億6000万年前　　⑥ 5億2000万年前

　タンパク質のアミノ酸配列や DNA の塩基配列は，突然変異により変化していく。突然変異が一定の速度，確率でタンパク質や DNA のランダムな位置に起こると仮定すると，共通祖先から分岐した 2 種に起こる突然変異の回数は等しく，分岐してからの時間に比例すると考えられる。また，タンパク質や DNA は高分子なので，一定期間に 2 種それぞれのタンパク質や DNA に起こった突然変異の位置は異なる可能性が高いと考えられる。

　以上から，例えば，突然変異によりあるタンパク質に起こるアミノ酸の変化について次の図のように考える。2 種それぞれで a か所アミノ酸が変化すると，2 種間では合計 2a か所アミノ酸が異なることに注意する。

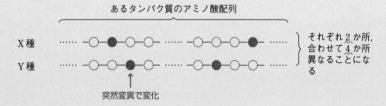

共通祖先

突然変異　　　突然変異　　……　X種とY種それぞれで突然変異が a 回起こり，
a 回　　　　　a 回　　　　　　　あるタンパク質のアミノ酸配列が a か所変化
　　　　　　　　　　　　　　　　　したとすると，X 種と Y 種でアミノ酸配列は
　　　　　　　　　　　　　　　　　2a か所異なることになる。

X 種　　　　　　Y 種

　例えば，2 か所ずつアミノ酸が変化したとすると，次のようになる。

あるタンパク質のアミノ酸配列

X 種　……─○─●─○─○─○─　……　─○─○─○─●─○─　……　｝それぞれ 2 か所，
Y 種　……─○─○─●─○─○─　……　─●─○─○─○─○─　……　｝合わせて 4 か所
　　　　　　　　　　　↑　　　　　　　　　　　　　　　　　　　異なることにな
　　　　　　　　突然変異で変化　　　　　　　　　　　　　　　　る

1 表より，異なっているアミノ酸の数が少ないほど L 種と分岐した年代が新しいので，順に他の種を並べると，P 種，M 種，O 種，N 種となる。よって，アは O 種となり，③が正解となる。

表

	L種	M種	N種	O種	P種
L種					
M種	6				
N種	12	11			
O種	8	7	12		
P種	4	6	13	9	

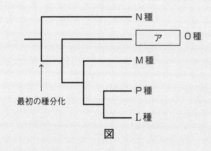

図

表をもとに，**図**の**分子系統樹**をつくる。

- L種とP種が分岐してから変化したアミノ酸の数

表から，L種とP種では異なっているアミノ酸の数が 4 なので，

$$4 \times \frac{1}{2} = 2$$

となる。

- M種と，L種とP種の共通祖先が分岐してから変化したアミノ酸の数

この値を求めるには，**表**の 2 つのデータを利用する。分岐してからM種，L種，P種が過ごした時間は等しいので，突然変異により起きたアミノ酸の変化の数も理論的には等しいと考えられる。**表**から，M種とL種の異なっているアミノ酸の数（6）とM種とP種の異なっているアミノ酸の数（6）の平均値を求め，M種と，L種とP種の共通祖先が分岐してから変化したアミノ酸の数を求める。

$$\frac{6+6}{2} \times \frac{1}{2} = 3$$

となる。

表

	L種	M種	N種	O種	P種
L種					
M種	⑥				
N種	12	11			
O種	8	7	12		
P種	4	⑥	13	9	

● O種と，M種とL種とP種の共通祖先が分岐してから変化したアミノ
酸の数

この値を求めるには，表の3つのデータを利用する。分岐してからO種，
M種，L種，P種が過ごした時間は等しいので，突然変異により起きたア
ミノ酸の変化の数も理論的には等しいと考えられる。表から，O種とL
種の異なっているアミノ酸の数(8)と，O種とP種の異なっているアミノ
酸の数(9)と，O種とM種の異なっているアミノ酸の数(7)の平均値を求
め，O種と，M種とL種とP種の共通祖先が分岐してから変化したアミ
ノ酸の数を求める。

$$\frac{8+9+7}{3} \times \frac{1}{2} = 4$$

となる。

表

	L種	M種	N種	O種	P種
L種					
M種	6				
N種	12	11			
O種	⑧	⑦	12		
P種	4	6	13	⑨	

● N種と，O種とM種とL種とP種の共通祖先が分岐してから変化した
アミノ酸の数

この値を求めるには，表の4つのデータを利用する。分岐してからN種，
O種，M種，L種，P種が過ごした時間は等しいので，突然変異により起
きたアミノ酸の変化の数も理論的には等しいと考えられる。表から，N種

とL種の異なっているアミノ酸の数(12)と，N種とP種の異なっている
アミノ酸の数(13)と，N種とM種の異なっているアミノ酸の数(11)と，N
種とO種の異なっているアミノ酸の数(12)の平均値を求め，N種と，O
種とM種とL種とP種の共通祖先が分岐してから変化したアミノ酸の数
を求める。

$$\frac{12+13+11+12}{4} \times \frac{1}{2} = 6$$

となる。

表

	L種	M種	N種	O種	P種
L種					
M種	6				
N種	⑫	⑪			
O種	8	7	⑫		
P種	4	6	⑬	9	

以上から，図の分子系統樹は次のようになる。

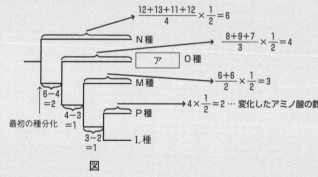

図

② L種がM種と**種分化**したのは今から3000万年前なので，突然変異によ
り3か所のアミノ酸が変化するのに3000万年かかることがわかる。上の**図**
より最初の種分化が起きてから6か所のアミノ酸が変化しているので，最
初の種分化が起きたのは，6000万年前とわかる。よって，正解は①となる。

[解答] **❶** ③　　**❷** ①

----

05 系統樹

(2017 九州大)

表はある動物群（A〜F）の特徴を示したものである。〇はその特徴を持つもの，×は持たないものを示す。特徴1〜10に基づいて動物群の系統樹を推定した。図の系統樹(a)〜(h)の中から適切な系統樹を1つ選びなさい。ただし，それぞれの特徴を持つようになる進化は1度しか起こらないものとする。

表

| | | 特　徴 | | | | | | | | | |
		1	2	3	4	5	6	7	8	9	10
動物群	A	×	×	×	×	×	×	×	×	×	×
	B	〇	×	〇	×	〇	〇	〇	〇	×	×
	C	×	×	×	×	×	×	×	〇	×	×
	D	〇	〇	×	〇	〇	〇	×	〇	〇	×
	E	〇	〇	×	〇	〇	〇	×	〇	×	×
	F	〇	×	〇	×	〇	〇	〇	〇	×	〇

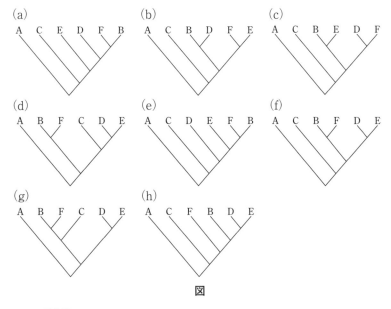

図

解説編

問題文を読んで，**どこに注目，注意すればよいか**を確認しよう！

表はある動物群（A～F）の特徴を示したものである。○はその特徴を持つもの，×は持たないものを示す。特徴1～10に基づいて動物群の系統樹を推定した。**図の系統樹(a)～(h)の中から適切な系統樹を1つ選びなさい。ただし，それぞれの特徴を持つようになる進化は1度しか起こらない**ものとする。

表

		特　徴									
		1	2	3	4	5	6	7	8	9	10
動物群	A	×	×	×	×	×	×	×	×	×	×
	B	○	×	○	×	○	○	○	○	×	×
	C	×	×	×	×	×	×	×	○	×	×
	D	○	○	×	○	○	○	×	○	○	×
	E	○	○	×	○	○	○	×	○	×	×
	F	○	×	○	×	○	○	○	○	×	○

→ Aは最も早く分岐

特徴8をもつようになる進化が最も早く起きた

　右の図のように，**共通祖先から分岐して進化により新たにもつようになった特徴aは，一般的にはその後に同じ系統から分岐した種にも受け継がれる**と考える。

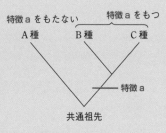

● **表を読み取り，系統樹をつくる。**

　まず，特徴1～10を全くもたないAは最も早く分岐したと考えられる。また，特徴8だけをもつCは，特徴8をもつようになる進化が起こった後に，その他の特徴をもつようになる進化が起こる前に分岐したため，その他の動物群（B，D，E，F）がもつ特徴をもっていないと考えられる。よって，特徴8は，A以外のすべての動物群に受け継がれている。

表

		特　徴									
		1	2	3	4	5	6	7	8	9	10
動物群	A	×	×	×	×	×	×	×	×	×	×
	B	○	×	○	×	○	○	○	○	×	×
	C	×	×	×	×	×	×	×	○	×	×
	D	○	○	×	○	○	○	×	○	○	×
	E	○	○	○	○	○	×	×	○	×	×
	F	○	×	○	×	○	○	○	○	×	○

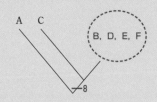

残りの動物群 B, D, E, F について検討する。**表**から, B と F, D と E が共通の特徴を多くもつことがわかる。よって, B と F, D と E が近縁であると考えられる。特徴 8 を除くと, 特徴 1, 5, 6 が B, D, E, F に共通であることから, B, D, E, F は C から分岐した後に, 特徴 1, 5, 6 をもつようになる進化が起こり, その後さらに 2 つのグループに分岐したと考えられる。2 つのグループのうち, 一方に特徴 2, 4 をもつようになる進化が起こり D と E の祖先が生じ, もう一方に特徴 3, 7 をもつようになる進化が起こり B と F の祖先が生じたと考えられる。

表

		特　徴								
		①	2	3	4	⑤	⑥	7	8	9	10
動物群	A	×	×	×	×	×	×	×	×	×	×
	B	○	×	×	×	○	○	○	○	×	×
	C	×	×	×	×	×	×	×	○	×	×
	D	○	○	×	○	○	○	×	○	○	×
	E	○	○	×	○	○	○	×	○	×	×
	F	○	×	○	×	○	○	○	×	×	○

比較する

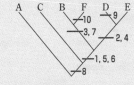

　D と E の祖先はさらに分岐し, 特徴 9 をもつようになる進化が起こったほうが D になったと考えられる。また B と F の祖先もさらに分岐し, 特徴 10 をもつようになる進化が起こったほうが F になったと考えられる。
　以上より, 正解は (f) となる。

[解答] (f)

DNAポリメラーゼを用いたPCR法はDNA鑑定に応用される。PCR法を用いてA〜Fの血縁関係を調べた。Aの母親はBで確定している。Aの父親候補としてC, D, E, Fがいる。A〜Fの体細胞の染色体DNAについて、ヒトそれぞれで一定数の塩基の重複や欠失の違いが見られる3つの領域をPCR法で増幅し、得られたDNA断片を電気泳動したところ、**図**の結果が得られた。Aの父親候補として最も可能性が高いのはだれか、C〜Fから選べ。

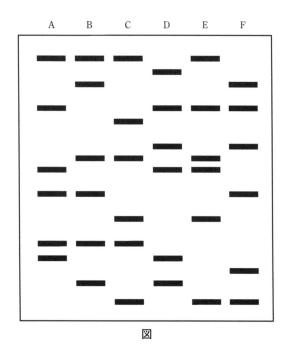

図

解説編

問題文を読んで，**どこに注目，注意すればよいか**を確認しよう！

DNAポリメラーゼを用いたPCR法はDNA鑑定に応用される。PCR法を用いてA～Fの血縁関係を調べた。Aの母親はBで確定している。Aの父親候補としてC，D，E，Fがいる。A～Fの体細胞の染色体DNAについて，ヒトそれぞれで一定数の塩基の重複や欠失の違いが見られる3つの領域をPCR法で増幅し，得られたDNA断片を電気泳動したところ，**図**の結果が得られた。Aの父親候補として最も可能性が高いのはだれか，C～Fから選べ。

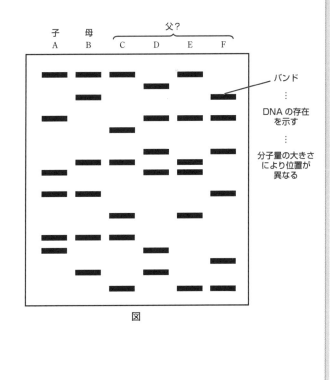

図

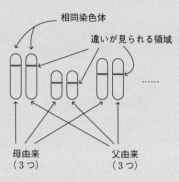

この問題では，染色体DNA上でヒトによって塩基配列が異なる3つの領域を，PCR法で増幅して電気泳動を行い，得られたDNA断片を大きさ（分子量）によって分離している。**図でA～Fのバンドの数が6つあるのは，受精により相同染色体を両親から1本ずつもらうためである。**つまり，子のAで検出された6つのバンドのうち3つは母親由来，残りの3つは父親由来となる。例えば，次のようにイメージして欲しい。

まず，子（A）と母親（B）のバンドを比較し，どのバンドのDNAが母親に由来するのかを調べる。母親由来でない3つのバンドは，父親に由来するものとなる。

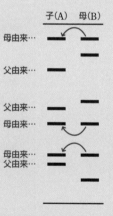

父親に由来する子（A）の3つのバンドをもつのはDだけであり，この3つのバンドすべてをもつ人はC，E，Fの中にはいない。よって，Dが父親となる。

母(B)　　子(A)　　父(D)

[解答] D

　DNA の塩基配列を決定するサンガー法（ジデオキシヌクレオチド法）では，塩基配列を決定したい DNA（鋳型とした DNA）の 1 本鎖に，DNA ポリメラーゼ，プライマー，4 種類のヌクレオチド，およびアデニン，グアニン，チミン，シトシンのいずれか 1 種類の塩基を含むジデオキシヌクレオチド（デオキシリボースの 3′ 末端の炭素に −OH 基がないため，リン酸が結合できない）を加えて，相補的な DNA 鎖を合成させる。このとき，ジデオキシヌクレオチドを取り込んだところで DNA 鎖の伸長が停止するので，さまざまな長さの DNA 鎖が合成される。このような操作をアデニン，グアニン，チミン，シトシンを含む 4 種類のジデオキシヌクレオチド（ddA，ddG，ddT，ddC）についてそれぞれ行う。これら 4 つの反応系において合成されたヌクレオチド鎖をそれぞれ電気泳動法によって分離することにより，DNA 鎖の塩基配列を決定できる。

　次の図は，サンガー法によって得られた電気泳動の結果の模式図である。この結果から考えて，鋳型となった DNA の 1 本鎖の塩基配列として最も適当なものはどれか。下の①〜⑥のうちから一つ選びなさい。

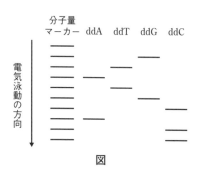

図

① 5′ −CCACGTATG− 3′　　② 5′ −GTATGCACC− 3′

③ 5′ −GGTGCATAC− 3′　　④ 5′ −CATACGTGG− 3′

⑤ 5′ −GGUGCAUAC− 3′　　⑥ 5′ −GUAUGCACC− 3′

解説編

問題文を読んで，**どこに注目，注意すればよいか**を確認しよう！

DNA の塩基配列を決定するサンガー法（ジデオキシヌクレオチド法）では，塩基配列を決定したい DNA（鋳型とした DNA）の1本鎖に，DNA ポリメラーゼ，プライマー，4種類のヌクレオチド，およびアデニン，グアニン，チミン，シトシンのいずれか1種類の塩基を含むジデオキシヌクレオチド（デオキシリボースの 3′ 末端の炭素に −OH 基がないため，リン酸が結合できない）を加えて，相補的な DNA 鎖を合成させる。このとき，ジデオキシヌクレオチドを取り込んだところで DNA 鎖の伸長が停止するので，さまざまな長さの DNA 鎖が合成される。このような操作をアデニン，グアニン，チミン，シトシンを含む4種類のジデオキシヌクレオチド（ddA，ddG，ddT，ddC）についてそれぞれ行う。これら4つの反応系において合成されたヌクレオチド鎖をそれぞれ電気泳動法によって分離することにより，DNA 鎖の塩基配列を決定できる。

次の図は，サンガー法によって得られた電気泳動の結果の模式図である。この結果から考えて，鋳型となった DNA の1本鎖の塩基配列として最も適当なものはどれか。下の①〜⑥のうちから一つ選びなさい。

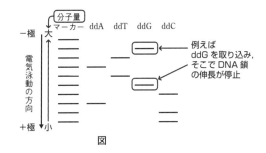

図

　次のように，**DNA ポリメラーゼ**は，鋳型鎖に結合した**プライマー**の3′末端の−OH 基に，鋳型鎖に相補的な塩基をもつ次の**ヌクレオチド**を結合させ，相補的な DNA 鎖を伸長させていく。つまり，**合成されるヌクレオチド鎖は 5′→3′の方向に伸長する。**

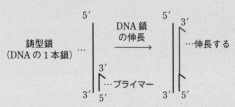

　サンガー法では，4種類（A，T，G，C）のヌクレオチドだけでなく，3′末端の−OH 基がない**ジデオキシヌクレオチド**を1種類加えるので，次のようにジデオキシヌクレオチドが取り込まれると，次のヌクレオチドを結合できず，DNA 鎖の伸長が停止する。

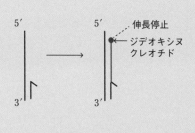

　図の結果から，合成されたヌクレオチド鎖の塩基配列は次のようになる。

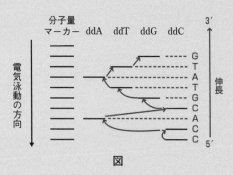

図

図

この問題では，合成されたヌクレオチド鎖の塩基配列を求めるのではなく，**鋳型となった DNA の 1 本鎖の塩基配列を求める**ので，合成されたヌクレオチド鎖の塩基配列に相補的な配列が正解となる。よって，正解は④となる。

合成された DNA の 1 本鎖
5′ -CCACGTATG- 3′
3′ -GGTGCATAC- 5′
鋳型鎖

[解答] ④

電気泳動のポイント

- DNA は負電荷（リン酸の部分）を帯びており，電気泳動では陽（＋）極へ移動する。
- 電気泳動では，DNA 断片が小さいほどゲル中の網目分子に引っかからないため，大きい DNA 断片よりも小さい DNA 断片のほうが陽極側に移動する。

DNA ポリメラーゼのポイント

ヌクレオチド鎖の 3′ 末端（デオキシリボース）の −OH 基と，次のヌクレオチドのリン酸部分を結合させることで，ヌクレオチド鎖を 5′ → 3′ の方向に伸長させ，DNA の**複製**を行う。サンガー法では，ジデオキシヌ

クレオチド（デオキシリボースの 3′末端の炭素に−OH 基がないため，次のヌクレオチドのリン酸と結合できない）を加えるため，DNA ポリメラーゼによるヌクレオチド鎖の伸長（DNA の複製）が止まることになる。

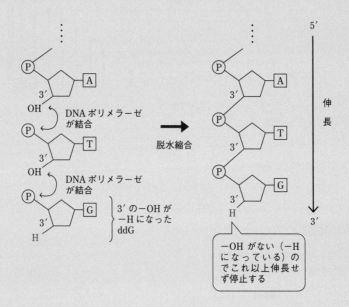

第 **2** 章

複数の実験結果や
現象を比較する
問題

　4本の試験管（A〜D）にそれぞれ**表1**に示したものを上から順に入れて，25℃の室温で酸素が気泡となって発生する様子を観察した。生の肝臓片はブタの肝臓を1gの立方体に切り出したものである。加熱した肝臓片は生の肝臓片を100℃のお湯に入れて30分間加熱後に25℃に冷ましたものである。カタラーゼの溶液はカタラーゼを適切な濃度で水に溶かしたものである。実験結果を**表2**に示した。この実験結果にもとづいて，**問1**〜**問2**に答えなさい。

表1

試験管	A	B	C	D
3％過酸化水素　5mL	○	○	○	○
水　2mL	○		○	○
30％塩酸　2mL		○		
生の肝臓片　1g	○	○		
加熱した肝臓片　1g			○	
カタラーゼの溶液　1g				○

○：試験管に入れたもの

表2

試験管	A	B	C	D
酸素の発生	○	×	×	○

○：酸素が気泡となって発生した　　×：気泡の発生はなかった

問1 **表1**と**表2**から肝臓片にはカタラーゼが含まれていると考えられるが，**表1**，**表2**を参考にして次の@〜@のうち，カタラーゼの性質として推定できるものを二つ選びなさい。

ⓐ　熱に弱い　　　　ⓑ　熱に強い
ⓒ　酸性下ではたらく　　ⓓ　酸性下ではたらかない

問2 酸素の発生がすべての試験管で自然に止まった後に，新しい生の肝臓片 1 g を A，B，C の 3 本の試験管にそれぞれ追加で入れた。酸素の発生が観察される試験管はどれか。最も適当なものを，次の@〜ⓗのうちから一つ選びなさい。

@ A のみ　　　ⓑ B のみ　　　ⓒ C のみ　　　ⓓ A・B

ⓔ A・C　　　ⓕ B・C　　　ⓖ A・B・C

ⓗ A・B・C すべてで酸素の発生は見られない。

問題文を読んで，どこに注目，注意すればよいかを確認しよう！

4本の試験管（A～D）にそれぞれ**表1**に示したものを上から順に入れて，25℃の室温で酸素が気泡となって発生する様子を観察した。生の肝臓片はブタの肝臓を1gの立方体に切り出したものである。加熱した肝臓片は生の肝臓片を100℃のお湯に入れて30分間加熱後に25℃に冷ましたものである。カタラーゼの溶液はカタラーゼを適切な濃度で水に溶かしたものである。実験結果を**表2**に示した。この実験結果にもとづいて，**問1**～**問2**に答えなさい。

比較する

表1

試験管	A	B	C	D
3％過酸化水素　5mL	○	○	○	○
水　2mL	○		○	○
30％塩酸　2mL		○		
生の肝臓片　1g	○	○		
加熱した肝臓片　1g			○	
カタラーゼの溶液　1g				○

○：試験管に入れたもの

表2

試験管	A	B	C	D
酸素の発生	○	×	×	○

○：酸素が気泡となって発生した　　×：気泡の発生はなかった

問1 表1と表2から肝臓片にはカタラーゼが含まれていると考えられるが，**表1**，**表2**を参考にして次の@～@のうち，カタラーゼの性質として推定できるものを二つ選びなさい。**AとCを比較！**

@ 熱に弱い　　　　　 ⓑ 熱に強い

ⓒ 酸性下でははたらく　 ⓓ 酸性下でははたらかない

AとBを比較！

問2 酸素の発生がすべての試験管で自然に止まった後に，新しい生の肝臓片1gをA，B，Cの3本の試験管にそれぞれ追加で入れた。酸素の発生が観察される試験管はどれか。最も適当なものを，次の@～ⓗのうちから一つ選びなさい。

@ Aのみ　　 ⓑ Bのみ　　 ⓒ Cのみ　　 ⓓ A・B

ⓔ A・C　　　 ⓕ B・C　　　 ⓖ A・B・C

ⓗ A・B・Cすべてで酸素の発生は見られない。

👁 目のつけどころ

✓ 表1から，AとB，AとCを比較することに気づけたか。

問1 過酸化水素は，**酵素であるカタラーゼ**により次の反応式のように水と酸素に分解される。

$$2H_2O_2 \longrightarrow 2H_2O + O_2$$

表1と表2からAとDではこの反応が起こり，酸素の発生が起こっていることがわかる。表1では，試験管に入れる物質や溶液などの組合せが多いが，**入れるものの組合せが1つだけ異なるものを比較すること**が重要である。入れるものが2つ以上異なると，どれの影響により結果に差が生じているのかがわからなくなるためである。例えば，次のように比較する。

● AとDを比較する

→ **表2より**どちらも酸素が発生。

→ **異なるのは，Aでは生の肝臓片，Dではカタラーゼを入れている点**である。

→ 肝臓片には，カタラーゼが含まれると推定できる（断定はできない）。

● AとBを比較する

→ **表2より**Aでは酸素発生，Bでは酸素発生せず。

→ **異なるのは，Aでは水，Bでは塩酸を入れている点**である。

→ Bの塩酸により，肝臓片のカタラーゼのはたらきが失われた（変性）と考えられる。

→ **ⓓが正解**

● AとCを比較する

→ **表2より**Aでは酸素発生，Cでは酸素発生せず。

→ **異なるのは，Aでは生の肝臓，Cでは100 ℃で加熱した肝臓を入れている点**である。

→ Cの加熱により，肝臓片のカタラーゼのはたらきが失われた（変性）と考えられる。

→ **ⓐが正解**

問2 ここでは新たに肝臓片，つまり酵素カタラーゼを加えたときに，酸素が発生するものを選ぶ。カタラーゼを加えたときに酸素が発生するには，過酸化水素が残っていることが必要である。**表1**の実験後，Aでは過酸化水素は分解されて残っていないが，BとCでは，カタラーゼのはたらきが失われているので，過酸化水素はほとんど残っていると考えられる。ここで注意しなければならないのは，Bである。Bでは**表1**の実験後の試験管には過酸化水素だけでなく，塩酸も残っているため，追加で入れた肝臓片に含まれるカタラーゼのはたらきも失われ，酸素の発生は起こらないと考えられる。よって，カタラーゼを加えたときに酸素が発生するのは，Cなので，正解は©となる。

[解答] **問1** ⓐ，ⓓ　　**問2** ©

----

09 フィードバック調節
（2017 愛知淑徳大学改）

　ある哺乳類で，チロキシンの分泌に異常のある p 集団と q 集団および正常集団の甲状腺刺激ホルモンとチロキシンの血液中の濃度を測定して，次の**表**のような結果を得た。

表

	甲状腺刺激ホルモンの濃度 （正常集団に対して）	チロキシン濃度 （正常集団に対して）
p 集団	高い	低い
q 集団	低い	高い

問 表の結果から，次の記述（あ）〜（き）のうち，p 集団，q 集団それぞれについて正しいものがある。p 集団，q 集団それぞれについて正しいものを二つずつ選べ。ただし，両集団ともチロキシンおよびその分泌調節にはたらくホルモンの分子は正常であり，標的細胞のホルモン受容は正常に行われているものとする。

（あ）：間脳の視床下部に異常がある。

（い）：脳下垂体に異常がある。

（う）：甲状腺に異常がある。

（え）：チロキシン分泌量が上昇した結果，甲状腺刺激ホルモン放出ホルモンや甲状腺刺激ホルモンの血液中の濃度が低下した。

（お）：甲状腺刺激ホルモン放出ホルモンや甲状腺刺激ホルモンの分泌量が上昇した結果，チロキシンの血液中の濃度が高くなった。

（か）：チロキシン分泌量が低下した結果，甲状腺刺激ホルモン放出ホルモンや甲状腺刺激ホルモンの血液中の濃度が上昇した。

（き）：甲状腺刺激ホルモン放出ホルモンや甲状腺刺激ホルモンの分泌量が低下した結果，チロキシンの血液中の濃度が低くなった。

解説編

問題文を読んで，どこに注目，注意すればよいかを確認しよう！

> フィードバック調節を考える！

ある哺乳類で，チロキシンの分泌に異常のあるp集団とq集団および正常集団の甲状腺刺激ホルモンとチロキシンの血液中の濃度を測定して，次の**表**のような結果を得た。

分泌促進！

	甲状腺刺激ホルモンの濃度 （正常集団に対して）	チロキシン濃度 （正常集団に対して）	
p集団	高い ——————→	低い	……正常なら 高いはず！
q集団	低い ——————→	高い	……正常なら 低いはず！

表

☆ 目のつけどころ

✓ 表から，二つの集団はともに甲状腺に異常があることに気づけたか。

　二つの集団のチロキシン分泌異常の原因を**表**から考えるには，チロキシン分泌が**フィードバック調節**によって調節されていることを理解している必要がある。

フィードバック：結果がそれを引き起こした原因にさかのぼって作用すること。

負のフィードバック：フィードバックの結果，結果に対して逆の効果をもたらすこと。ホルモン分泌は，負のフィードバックによる調節が行われていることが多い。

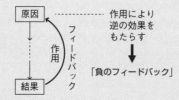

　右の図に示すように，哺乳類では間脳の視床下部から分泌された甲状腺刺激ホルモン放出ホルモンが脳下垂体前葉に作用すると，脳下垂体前葉から甲状腺刺激ホルモンが分泌される。甲状腺刺激ホルモンは甲状腺を刺激し，甲状腺から**チロキシン**が分泌される。

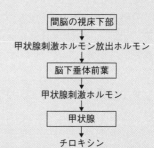

● チロキシン濃度が上昇したとき

　負のフィードバックにより間脳の視床下部からの甲状腺刺激ホルモン放出ホルモン，脳下垂体前葉からの甲状腺刺激ホルモンの分泌が抑制される。その結果，甲状腺からのチロキシン分泌が減少し，血中のチロキシン濃度が低下する逆の効果をもたらす。

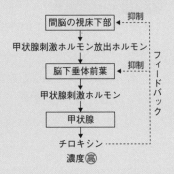

● チロキシン濃度が低下したとき

　負のフィードバックにより間脳の視床下部からの甲状腺刺激ホルモン放出ホルモン，脳下垂体前葉からの甲状腺刺激ホルモンの分泌が促進され，血中のチロキシン濃度が上昇する逆の効果をもたらす。

　このような負のフィードバックによって，チロキシン濃度はほぼ一定の範囲に保たれている。

　表の結果から二つの集団について検討してみる。

● p集団について

　甲状腺刺激ホルモンの濃度は正常集団よりも高いが，チロキシン濃度は正常集団よりも低くなっている。**これは，甲状腺刺激ホルモンに対して甲状腺が正常に応答しないため，チロキシン分泌が促進されていない**と考えられる。つまり，p集団では，甲状腺の異常があることになる。よって，まず（う）を選ぶ。甲状腺

（甲状腺が正常ならチロキシンの分泌が促進され，濃度は高くなる！）

の異常によりチロキシン濃度が低下しているので，負のフィードバックにより間脳の視床下部からの甲状腺刺激ホルモン放出ホルモン，脳下垂体前葉からの甲状腺刺激ホルモンの分泌が促進され，甲状腺刺激ホルモン放出ホルモンと甲状腺刺激ホルモンの血液中の濃度が上昇していると考えられる。よって，（か）を選ぶ。

● q集団について

甲状腺刺激ホルモンの濃度は正常集団よりも低いが，チロキシン濃度は正常集団よりも高くなっている。これは，**甲状腺刺激ホルモンの濃度が低いにもかかわらず，チロキシン分泌が促進されている**と考えられる。つまり，q集団では，甲状腺の異常があることになる。よって，まず（う）を選ぶ。甲状腺の異常によりチロキシン濃度が上昇しているので，負のフィードバックにより間脳の視床下部からの甲状腺刺激ホルモン放出ホルモン，脳下垂体前葉からの甲状腺刺激ホルモンの分泌が抑制され，甲状腺刺激ホルモン放出ホルモンと甲状腺刺激ホルモンの血液中の濃度が低下していると考えられる。よって，（え）を選ぶ。

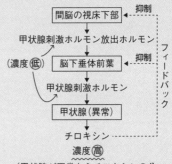

（甲状腺が正常ならチロキシンの分泌が抑制され，濃度は低くなる！）

[解答] p集団：（う），（か）　　q集団：（う），（え）

---

10 光リン酸化の実験
（2017 金沢大改）

　チラコイド内外のH^+濃度差とATP合成の関係を調べるために，以下の〔実験〕を行った。実験操作の概略を**図**に示す。なお，実験操作は暗所で行った。

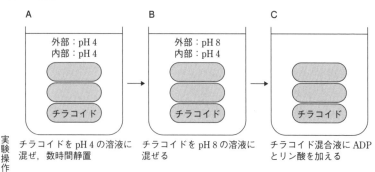

図　実験操作の概略

〔実験〕　葉緑体から取り出したチラコイドを$pH\,4$の溶液に入れ，チラコイド内部とチラコイド外部を$pH\,4$にした（**図A**）。次に，このチラコイドを$pH\,8$の溶液に入れ，チラコイド内部を$pH\,4$のままで，チラコイド外部を$pH\,8$にした（**図B**）。調製したチラコイド混合液に，ADPとリン酸を加えると溶液中のATP濃度が増加した（**図C**）。また，チラコイドを$pH\,4$の溶液と$pH\,8$の溶液に入れる順を逆にして実験すると溶液中のATP濃度は0のままだった。

問 この実験に関する記述として最も適当なものを，次の①〜⑥のうちからすべて選べ。

① チラコイド外からチラコイド内へH^+が移動するとATPが合成される。

② チラコイド内からチラコイド外へH^+が移動するとATPが合成される。

③ チラコイドから隣接するチラコイドへH^+が移動するとATPが合成される。

④ チラコイドでのATP合成は，H^+濃度差があれば光がなくても起こる。

⑤ チラコイドでのATP合成は，H^+濃度差と光があれば起こる。

⑥ チラコイドでのATP合成は，光があればH^+濃度差がなくても起こる。

解説編

問題文を読んで，**どこに注目，注意すればよいか**を確認しよう！

チラコイド内外の H$^+$ 濃度差と ATP 合成の関係を調べるために，以下の〔実験〕を行った。実験操作の概略を**図**に示す。なお，実験操作は暗所で行った。

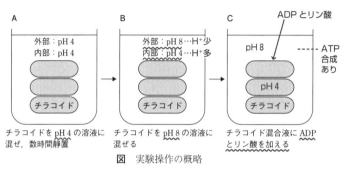

図　実験操作の概略

〔実験〕 葉緑体から取り出したチラコイドを pH 4 の溶液に入れ，チラコイド内部とチラコイド外部を pH 4 にした（**図 A**）。次に，このチラコイドを pH 8 の溶液に入れ，チラコイド内部を pH 4 のままで，チラコイド外部を pH 8 にした（**図 B**）。調製したチラコイド混合液に，ADP とリン酸を加えると溶液中の ATP 濃度が増加した（**図 C**）。また，チラコイドを pH 4 の溶液と pH 8 の溶液に入れる順を逆にして実験すると溶液中の ATP 濃度は 0 のままだった。

問 この実験に関する記述として最も適当なものを，次の①〜⑥のうちからすべて選べ。

① チラコイド外からチラコイド内へ H$^+$ が移動すると ATP が合成される。
② チラコイド内からチラコイド外へ H$^+$ が移動すると ATP が合成される。
③ チラコイドから隣接するチラコイドへ H$^+$ が移動すると ATP が合成される。
④ チラコイドでの ATP 合成は，H$^+$ 濃度差があれば光がなくても起こる。
⑤ チラコイドでの ATP 合成は，H$^+$ 濃度差と光があれば起こる。
⑥ チラコイドでの ATP 合成は，光があれば H$^+$ 濃度差がなくても起こる。

☑ 図で，チラコイド内外で H⁺ 濃度差が形成されることに気づけたか。

チラコイドなどの生体膜は，一般に H^+ などイオンの透過性は低いが，数時間浸しておくと徐々に浸透して内外の濃度が等しくなる。この実験では，pH 4 の水溶液にチラコイドを数時間浸し，チラコイド内部を外液と等しく pH 4 としている。このチラコイドが入っている外液の pH を 8 にした直後には，チラコイド内外で右の図のように H^+ 濃度差が生じている。

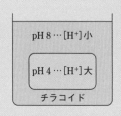

チラコイド内を pH 4，チラコイド外を pH 8 としたときには ATP 合成が起こるが，チラコイド内を pH 8，チラコイド外を pH 4 としたときには ATP 合成が起こらないので，右の図のように**チラコイド内からチラコイ**

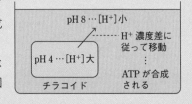

ド外へ H^+ 濃度差に従って H^+ が移動すると ATP が合成されると考えられる。よって②が正解となる。

また，この実験は暗所で行われているので④が正解となる。

[解答] ②，④

11 一遺伝子一酵素説

（2017 学習院大改）

　アカパンカビは，糖と無機塩類，ビオチンを含む最少培地で増殖することができる。ビードルとテータムは，アミノ酸の1種であるアルギニンを合成できないいくつかのアルギニン要求株を詳しく調べる次の実験を行い，一遺伝子一酵素説を提唱した。

〔実験〕　突然変異により最少培地にアルギニンを添加しないと増殖できないアルギニン要求株を4つ分離した（変異株1〜変異株4）。アルギニンは，原料となる物質から3種類の中間物質（Ⅰ，Ⅱ，Ⅲ）を経て合成される。中間物質をそれぞれ1種類ずつ最少培地に加えた培地と無添加の最少培地を用意し，野生株とアルギニン要求株の生育を調べたところ，表に示す結果が得られた。＋は増殖可，－は増殖不可を示す。なお，変異株1〜変異株4のアルギニン要求株にはそれぞれ異なった遺伝子（X1〜X4）に変異が入っているものとする。

表

株＼培地	最小培地に加えた物質			
	Ⅰ	Ⅱ	Ⅲ	無添加
野 生 株	＋	＋	＋	＋
変異株1	＋	＋	＋	－
変異株2	－	＋	－	－
変異株3	－	－	－	－
変異株4	＋	＋	－	－

問1 表の結果から，図に示すアルギニンの生合成経路の物質1，物質2，物質3に相当する中間物質をⅠ，Ⅱ，Ⅲからそれぞれ選び，答えなさい。

原料 →反応1→ 物質1 →反応2→ 物質2 →反応3→ 物質3 →反応4→ アルギニン

図　アルギニンの生合成経路

問2 表の結果から，図に示す反応1と反応3に欠陥がある株を，変異株1〜変異株4の中からそれぞれ1つ選び，答えなさい。

問題文を読んで，どこに注目，注意すればよいかを確認しよう！

アカパンカビは，糖と無機塩類，ビオチンを含む最少培地で増殖することができる。ビードルとテータムは，アミノ酸の1種であるアルギニンを合成できないいくつかの<mark>アルギニン要求株</mark>を詳しく調べる次の実験を行い，<mark>一遺伝子一酵素説</mark>を提唱した。

〔実験〕 突然変異により最少培地にアルギニンを添加しないと増殖できない<mark>アルギニン要求株</mark>を4つ分離した（変異株1～変異株4）。アルギニンは，原料となる物質から3種類の中間物質（Ⅰ，Ⅱ，Ⅲ）を経て合成される。中間物質をそれぞれ1種類ずつ最少培地に加えた培地と無添加の最少培地を用意し，野生株とアルギニン要求株の生育を調べたところ，表に示す結果が得られた。＋は増殖可，－は増殖不可を示す。なお，<mark>変異株1～変異株4のアルギニン要求株にはそれぞれ異なった遺伝子（X1～X4）に変異が入っている</mark>ものとする。

表

培地　　株	最小培地に加えた物質			
	Ⅰ	Ⅱ	Ⅲ	無添加
野 生 株	＋	＋	＋	＋
変異株1	＋	＋	＋	－
変異株2	－	＋	－	－
変異株3	－	－	－	－
変異株4	＋	＋	－	－

Ⅰ，Ⅱ，Ⅲの合成順を決める

アルギニンを合成できない

👀 目のつけどころ

✅ 図で,アルギニン合成の反応系では,Ⅲ→Ⅰ→Ⅱの順に合成されることに気づけたか。

アルギニンは生命維持に必須のアミノ酸であり,合成できないとアカパンカビは増殖できない。一連の反応系で,**途中の酵素が突然変異により機能しなくなると,反応系はその酵素がはたらく反応で停止する。**

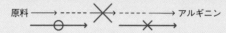

問1,**問2** 変異株1~4でどこに欠陥が生じているかそれぞれ検討する。

● 変異株1

中間物質Ⅰ~Ⅲのどれを加えても増殖している。つまり,中間物質Ⅰ~Ⅲが現れる前の反応に欠陥があると考えられる。図の物質1~3のどれかが中間物質Ⅰ~Ⅲであり,どれを加えても反応が進行してアルギニンを合成できるので,反応1に欠陥があるとわかる。

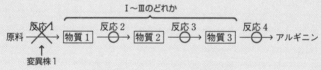

図 アルギニンの生合成経路

● 変異株2

中間物質Ⅱを加えたときだけアルギニンを合成して増殖している。つまり,中間物質Ⅰやでは,その後の反応が途中で止まりアルギニンを合成できないことになる。よって,中間物質Ⅱは,一連の反応で中間物質Ⅰとより後に合成されることがわかり,物質3が中間物質Ⅱとわかる。また,変異株2では反応3に欠陥があるとわかる。

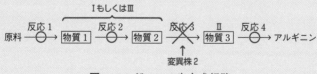

図 アルギニンの生合成経路

● 変異株3

　中間物質Ⅰ～Ⅲのどれを加えても増殖していない。つまり，中間物質Ⅰ～Ⅲが合成された後の反応に欠陥があると考えられる。よって，**図**の反応4に欠陥があるとわかる。

図　アルギニンの生合成経路

● 変異株4

　中間物質ⅠまたはⅡを加えたときにアルギニンを合成して増殖している。つまり，中間物質Ⅲでは，その後の反応が途中で止まりアルギニンを合成できないことになる。よって，中間物質ⅠとⅡは，一連の反応で中間物質Ⅲよりも後に合成されることがわかる。よって，物質1が中間物質Ⅲ，物質2が中間物質Ⅰとなり，変異株4では反応2に欠陥があるとわかる。

図　アルギニンの生合成経路

以上から，アルギニンの合成経路は次のようになる。

[解答]　**問1** 物質1：Ⅲ　　物質2：Ⅰ　　物質3：Ⅱ

　　　　問2 反応1：変異株1　　反応3：変異株2

12 転写調節領域

(2015 立命館大改)

遺伝子 Y について下に示す実験を行った。この実験によって得られた結果から遺伝子 Y の上流 DNA 領域 A 〜 E が，遺伝子 Y の発現制御にどのように関わっていると考えられるか。「促進的」および「抑制的」に関わっている領域をそれぞれすべて選べ。なお，上流 DNA 領域 A 〜 E がない場合，遺伝子 Y の発現量は 0 であるものとする。

〔実験〕

① 図に示す遺伝子 Y の発現制御に関わる上流領域をもつ（ⅰ）〜（ⅴ）のそれぞれの DNA 断片をプラスミドベクターに組み込んだ。

② 作製したプラスミドベクターそれぞれを培養細胞に導入し，24時間培養を行った。

③ 培養後の細胞を破砕して，それぞれの細胞の抽出液を調製し，遺伝子 Y から合成されたタンパク質Ｙの発現量を測定したところ，表に示す結果が得られた。

転写開始点を含む領域　　　遺伝子 Y

（ⅰ）[A | B | C | D | E]
（ⅱ）[B | C | D | E]
（ⅲ）[C | D | E]
（ⅳ）[D | E]
（ⅴ）[E]

図

表　各プラスミドベクターを導入した培養細胞におけるタンパク質Ｙの発現量

上流領域	タンパク質Ｙの発現量（相対値）
（ⅰ）	50
（ⅱ）	100
（ⅲ）	100
（ⅳ）	20
（ⅴ）	20

解説編

問題文を読んで，**どこに注目，注意すればよいかを確認しよう！**

遺伝子 *Y* について下に示す実験を行った。この実験によって得られた結果から遺伝子 *Y* の上流 DNA 領域 A ～ E が，遺伝子 *Y* の発現制御にどのように関わっていると考えられるか。「促進的」および「抑制的」に関わっている領域をそれぞれすべて選べ。なお，上流 DNA 領域 A ～ E がない場合，遺伝子 *Y* の発現量は 0 であるものとする。

〔実験〕

① **図**に示す遺伝子 *Y* の発現制御に関わる上流領域をもつ(ｉ)～(ｖ)のそれぞれの DNA 断片をプラスミドベクターに組み込んだ。

② 作製したプラスミドベクターそれぞれを培養細胞に導入し，24時間培養を行った。

③ 培養後の細胞を破砕して，それぞれの細胞の抽出液を調製し，遺伝子 *Y* から合成されたタンパク質 Y の発現量を測定したところ，**表**に示す結果が得られた。

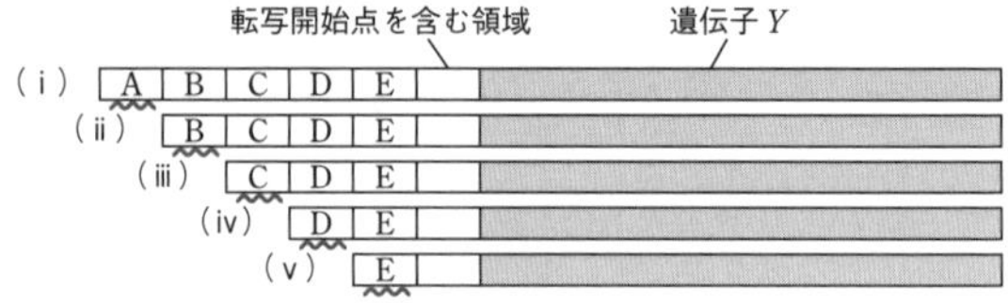

図

表 各プラスミドベクターを導入した培養細胞におけるタンパク質 Y の発現量

上流領域	タンパク質 Y の発現量（相対値）
(ｉ)	50 増
(ⅱ)	変化なし 100
(ⅲ)	100 減
(ⅳ)	変化なし 20
(ｖ)	20

目のつけどころ

✓ 図で，Aのはたらきは（ⅰ）と（ⅱ）を比較することでわかることに気づけたか。

A〜Eのはたらきを調べるには，**それぞれの領域の有無だけが異なる実験を比較すればよい。**

● Aについて

（ⅰ）と（ⅱ）を比較する。Aを欠いた（ⅱ）では，Yの発現量が50から100に増加している。つまり，AはYの発現を抑制するはたらきがあることがわかる。

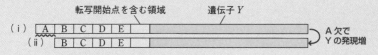

● Bについて

（ⅱ）と（ⅲ）を比較する。Bを欠いた（ⅲ）では，Yの発現量は100のままである。つまり，BはYの発現を促進も抑制もしないことがわかる。

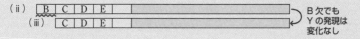

● Cについて

（ⅲ）と（ⅳ）を比較する。Cを欠いた（ⅳ）では，Yの発現量が100から20に減少している。つまり，CはYの発現を促進するはたらきがあることがわかる。

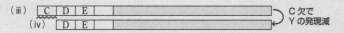

● Dについて

（ⅳ）と（ⅴ）を比較する。Dを欠いた（ⅴ）では，Yの発現量は20のままである。つまり，DはYの発現を促進も抑制もしないことがわかる。

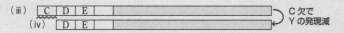

● Eについて

（ⅴ）では，Eのみでγの発現量は20とあり，上流DNA領域A〜Eが
ない場合，遺伝子γの発現量は0とあるので，EはYの発現を促進する
はたらきがあることがわかる。

（ⅴ）　E　　　　　　　　　　　　　　　Eのみでも
　　　　　　　　　　　　　　　　　　　Yは発現する

［解答］促進的：C, E　　抑制的：A

---

13 花芽形成
(2018 東北大改)

　ある長日植物の F 遺伝子が花成ホルモンを合成し，R 遺伝子は花成ホルモン受容体を合成する。F は f に対して優性，R は r に対して優性であり，f ホモ接合体および r ホモ接合体では，それぞれ，花成ホルモンおよび花成ホルモン受容体が合成されず，花芽が形成されない。この長日植物を用いて，図に示すような接ぎ木を行い，接ぎ穂の花芽形成を調べたところ，**表**に示した結果が得られた。 ア ～ ウ にあてはまる花芽形成の表現型を，○または×で記せ。なお，接ぎ木による花成への影響は考慮しなくてよい。

図　接ぎ木の模式図

表　ある長日植物の，台木および接ぎ穂の遺伝子型と，接ぎ穂における花芽形成

接ぎ木	接ぎ穂の遺伝子型 / 台木の遺伝子型	$ffrr$ / $ffrr$	$FfRr$ / $FfRr$	$ffRR$ / $ffRR$	$ffRR$ / $FFrr$	$ffrr$ / $FFRR$	$FFrr$ / $ffRR$
接ぎ穂の花芽形成（長日条件）		×	○	○	ア	イ	ウ

○ 花芽形成する　　× 花芽形成しない

問題文を読んで，**どこに注目，注意すればよいか**を確認しよう！

　ある長日植物の *F* 遺伝子が花成ホルモンを合成し，*R* 遺伝子は花成ホルモン受容体を合成する。*F* は *f* に対して優性，*R* は *r* に対して優性であり，*f* ホモ接合体および *r* ホモ接合体では，それぞれ，花成ホルモンおよび花成ホルモン受容体が合成されず，花芽が形成されない。この長日植物を用いて，**図**に示すような**接ぎ木**を行い，**接ぎ穂の花芽形成**を調べたところ，**表**に示した結果が得られた。　ア　〜　ウ　にあてはまる花芽形成の表現型を，○または×で記せ。なお，接ぎ木による花成への影響は考慮しなくてよい。

図　接ぎ木の模式図

表　ある長日植物の，台木および接ぎ穂の遺伝子型と，接ぎ穂における花芽形成

接ぎ木	接ぎ穂の遺伝子型 台木の遺伝子型	*ffrr* *ffrr*	*FfRr* *FfRr*	*ffRR* *FFRR*	*ffRR* *FFrr*	*ffrr* *FFRR*	*FFrr* *ffRR*
接ぎ穂の花芽形成（長日条件）		×	○	○	ア	イ	ウ

○　花芽形成する　　×　花芽形成しない

😊 目のつけどころ

✓ F 遺伝子が台木または接ぎ穂で, R 遺伝子が接ぎ穂で発現すると花芽形成が起こることに気づけたか。

　花成ホルモンは, 葉で合成され, 師管を通って茎頂へ移動し, 茎頂分裂組織の細胞がもつ受容体で受容され, 花芽が形成される。つまり, **花芽形成が起こるには, 葉（台木または接ぎ穂）の細胞で F 遺伝子が発現し, 茎頂分裂組織（接ぎ穂）の細胞で R 遺伝子が発現すること**が必要となる。

　注意して欲しいのは, 長日条件では接ぎ穂や台木の葉で F 遺伝子が発現し, 合成された花成ホルモンが茎頂分裂組織へ運ばれるが, **R 遺伝子が発現するのは花芽形成が起こる茎頂分裂組織だけと考えられる**ため, 台木の細胞に R 遺伝子が存在しても発現しない。**表**の実験結果を検討する。

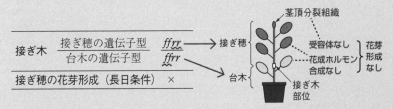

接ぎ穂と台木の葉でともに花成ホルモンが合成され, 茎頂分裂組織の受容体で受容される。

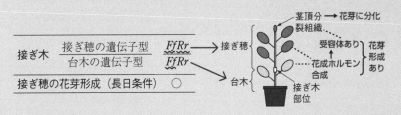

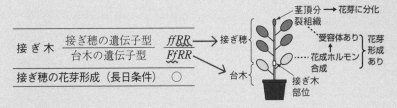

台木で合成された花成ホルモンが，茎頂分裂組織へ移動し，受容体に受容される。

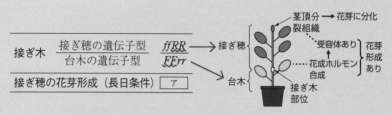

接ぎ木　　接ぎ穂の遺伝子型　*ffRR*
　　　　　台木の遺伝子型　　*FFrr*

接ぎ穂の花芽形成（長日条件）　ア

　台木で合成された花成ホルモンが，茎頂分裂組織へ移動し，受容体に受容される。よって，ア には〇が入る。

接ぎ木　　接ぎ穂の遺伝子型　*ffrr*
　　　　　台木の遺伝子型　　*FFRR*

接ぎ穂の花芽形成（長日条件）　イ

　台木で合成された花成ホルモンが，茎頂分裂組織へ移動しても，茎頂分裂組織に受容体がないので受容されない。よって，イ には×が入る。

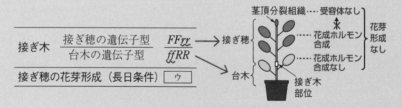

接ぎ木　　接ぎ穂の遺伝子型　*FFrr*
　　　　　台木の遺伝子型　　*ffRR*

接ぎ穂の花芽形成（長日条件）　ウ

　接ぎ穂で合成された花成ホルモンが，茎頂分裂組織へ移動しても，受容体がないので受容されない。台木に *R* 遺伝子はあるが，茎頂分裂組織でしか発現しない。よって，ウ には×が入る。

[解答]　ア　〇　　イ　×　　ウ　×

第 3 章

同じ形式の複数
のグラフを比較
する問題

14 酸素解離曲線
（2017 畿央大改）

酸素の運搬で重要なタンパク質がヘモグロビンである。**図**は，ある動物がもつヘモグロビンの酸素解離曲線を示している。**図**中の曲線 f・g・h は，二酸化炭素濃度の違いを反映しており，最も二酸化炭素濃度が低いものが肺胞，残りの二つは安静時と活動時のある組織に対応する。なお，肺胞からある組織に移動する途中で，酸素ヘモグロビンが酸素を放出することはないものとし，安静時，肺胞の酸素濃度は100，ある組織の酸素濃度は50であるとする。

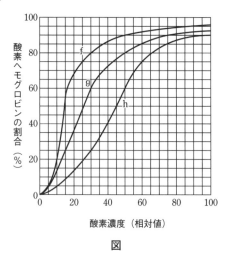

図

1 安静時，ヘモグロビンによって肺胞からある組織に運ばれた酸素のうち何％が組織に供給されるか。最も適当なものを，次の①～⑤の中から一つ選びなさい。

① 14 ％ ② 17 ％ ③ 20 ％ ④ 33 ％ ⑤ 36 ％

2 活動時の組織では，酸素濃度が低下し，二酸化炭素濃度が上昇する。仮に，酸素濃度だけが30に低下したとすると，ヘモグロビンによって組織に供給される酸素は安静時に比べて何倍になるか。最も適当なものを，次の①～⑤の中から一つ選びなさい。

① 1.7倍 ② 1.9倍 ③ 2.1倍 ④ 2.3倍 ⑤ 2.5倍

[3] 活動時の組織では，酸素濃度が低下し，二酸化炭素濃度が上昇する。仮に，酸素濃度が30に低下し，二酸化炭素濃度が上昇したとすると，ヘモグロビンによって組織に供給される酸素は，安静時に比べて何倍になるか。最も適当なものを，次の①～⑤の中から一つ選びなさい。

① 4.2倍 ② 4.4倍 ③ 4.8倍 ④ 5.0倍 ⑤ 5.2倍

問題文を読んで，**どこに注目，注意すればよいか**を確認しよう！

酸素の運搬で重要なタンパク質がヘモグロビンである。**図**は，ある動物がもつヘモグロビンの酸素解離曲線を示している。図中の曲線 f・g・h は，二酸化炭素濃度の違いを反映しており，最も二酸化炭素濃度が低いものが肺胞，残りの二つは安静時と活動時のある組織に対応する。なお，肺胞からある組織に移動する途中で，酸素ヘモグロビンが酸素を放出することはないものとし，安静時，肺胞の酸素濃度は100，ある組織の酸素濃度は50であるとする。

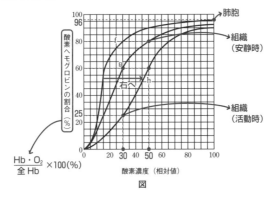

図

① 安静時，ヘモグロビンによって肺胞からある組織に運ばれた酸素のうち何％が組織に供給されるか。最も適当なものを，次の①〜⑤の中から一つ選びなさい。

① 14 ％　② 17 ％　③ 20 ％　④ 33 ％　⑤ 36 ％

② 活動時の組織では，酸素濃度が低下し，二酸化炭素濃度が上昇する。仮に，酸素濃度だけが30に低下したとすると，ヘモグロビンによって組織に供給される酸素は安静時に比べて何倍になるか。最も適当なものを，次の①〜⑤の中から一つ選びなさい。

① 1.7倍　② 1.9倍　③ 2.1倍　④ 2.3倍　⑤ 2.5倍

③ 活動時の組織では，酸素濃度が低下し，二酸化炭素濃度が上昇する。仮に，酸素濃度が30に低下し，二酸化炭素濃度が上昇したとすると，ヘモグロビンによって組織に供給される酸素は，安静時に比べて何倍になるか。最も適当なものを，次の①〜⑤の中から一つ選びなさい。　→ g→h

① 4.2倍　② 4.4倍　③ 4.8倍　④ 5.0倍　⑤ 5.2倍

目のつけどころ

✅ 図で，二酸化炭素濃度が f < g < h であることに気づけたか。

[1] 肺胞と組織では温度，酸素濃度，二酸化炭素濃度，pH などが異なる。**ヘモグロビンは，肺胞の環境では酸素と結合して酸素ヘモグロビンになりやすく，組織の環境では逆に酸素と解離しやすい性質**をもっている。

肺胞：低温，酸素濃度（分圧）大，二酸化炭素濃度小，pH 高

$$Hb + O_2 \longrightarrow Hb \cdot O_2$$

組織：高温，酸素濃度小，二酸化炭素濃度大，pH 低

$$Hb \cdot O_2 \longrightarrow Hb + O_2$$

　次の図に示すように，温度や二酸化炭素濃度が大きく，pH が低くなると**S 字型の酸素解離曲線は右に移動**し，同じ酸素濃度では酸素ヘモグロビンの割合が小さくなる。

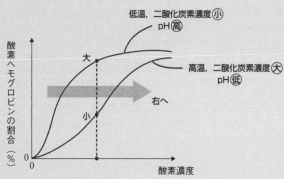

　以上から，**図**で二酸化炭素濃度は f < g < h となっていることがわかる。また，二酸化炭素濃度は，肺胞＞組織（安静時）＞組織（活動時）なので，f が肺胞，g が組織（安静時），h が組織（活動時）の二酸化炭素濃度のグラフとなる。

　図から，安静時の組織（グラフ g，酸素濃度50）と肺胞（グラフ f，酸

素濃度100）の酸素ヘモグロビンの割合（％）を読み取ると，安静時の組織は80％，肺胞は96％である。よって，安静時，ヘモグロビンによって肺胞からある組織に運ばれた酸素（96％）のうち16（96－80）％が組織に供給されることになる。以上から，安静時，ヘモグロビンによって肺胞からある組織に運ばれた酸素のうち組織に供給された酸素の割合（％）は，

$$\frac{16}{96} \times 100（\%）= 16.6 ≒ 17（\%）$$

となる。よって，正解は②となる。

2 「酸素濃度だけが30に低下したとする」とあるので，二酸化炭素濃度は変えず安静時のgのグラフを読み，酸素ヘモグロビンの割合は60％（グラフg，酸素濃度30）となる。以上から，ヘモグロビンによって組織に供給される酸素は安静時に比べて

$$\frac{96-60}{96-80} = 2.25 ≒ 2.3（倍）$$

となる。よって，正解は④となる。

3 酸素濃度が30に低下し，二酸化炭素濃度が上昇した活動時の組織の酸素ヘモグロビンの割合はグラフhを読み取り，25％（グラフh，酸素濃度30）となる。よって，活動時，ヘモグロビンによって肺胞からある組織に運ばれた酸素（96％）のうち71（96－25）％が組織に供給されることになる。以上から，ヘモグロビンによって活動時に組織に供給される酸素は，安静時に比べて

$$\frac{96-25}{96-80} = 4.43 ≒ 4.4（倍）$$

となる。よって，正解は②となる。

- -

［解答］　**1** ②　　**2** ④　　**3** ②

- -

15 光の強さと光合成速度の関係
（2017 玉川大改）

さまざまな強度の光条件下で，植物 X と植物 Y の二酸化炭素吸収速度を調べ，次の図を得た。

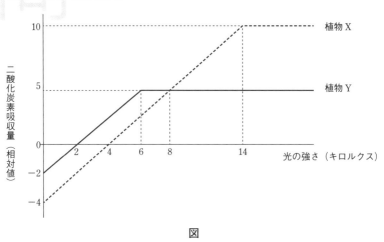

図

問 図について，光の強さを一定に保った場合に，植物 X と植物 Y がともに生育するが，植物 Y の方が植物 X よりも見かけの光合成速度が大きくなる光の強さとして最も適当なものはどれか。次の①〜⑥のうちから一つ選べ。ただし，非同化器官の呼吸は考えないものとする。

①　0〜2キロルクス　　②　0〜4キロルクス
③　4〜6キロルクス　　④　4〜8キロルクス
⑤　6〜14キロルクス　　⑥　8〜14キロルクス

問題文を読んで，**どこに注目，注意すればよいか**を確認しよう！

さまざまな強度の光条件下で，植物 X と植物 Y の二酸化炭素吸収速度を調べ，次の図を得た。

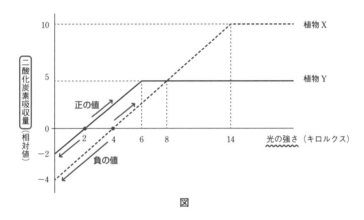

図

問 図について，光の強さを一定に保った場合に，植物 X と植物 Y がともに生育するが，植物 Y の方が植物 X よりも見かけの光合成速度が大きくなる光の強さとして最も適当なものはどれか。次の①〜⑥のうちから一つ選べ。ただし，非同化器官の呼吸は考えないものとする。

① 0 〜 2 キロルクス ② 0 〜 4 キロルクス

③ 4 〜 6 キロルクス ④ 4 〜 8 キロルクス

⑤ 6 〜 14 キロルクス ⑥ 8 〜 14 キロルクス

✅ 図で，見かけの光合成速度が正の値になると植物が成長することに気づけ
たか。

光合成では二酸化炭素が吸収さ
れる。植物は常に呼吸を行い二酸化
炭素を放出している。植物が光合成
しているときの二酸化炭素吸収量
を測定するときは，**呼吸と光合成が
同時に行われている**ため，次のよう

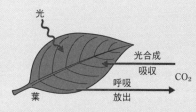

に**光合成速度と呼吸速度の「差」を二酸化炭素吸収量として測る**ことにな
る。この二酸化炭素吸収量を「見かけの光合成速度」という。

二酸化炭素吸収量（光合成速度）－ 二酸化炭素放出量（呼吸速度）
＝見かけの光合成速度

つまり，光合成速度が呼吸速度よりも大きいと，**見かけの光合成速度は
正の値**となり，光合成速度が呼吸速度よりも小さいと，**見かけの光合成速
度は負の値**となる。次の図のように光の強さと二酸化炭素吸収量（見かけ
の光合成速度）の関係を示したグラフを光―光合成曲線とよぶ。

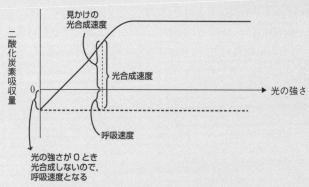

光合成曲線の二酸化炭素吸収量（見かけの光合成速度）の値が負のとき
は，呼吸が光合成を上回るため植物は成長できないが，二酸化炭素吸収量
の値が正の値になると，光合成が呼吸を上回るようになり，成長できる。

植物 X と植物 Y が成長するかしないかを光の強さで考えると次のようになる。

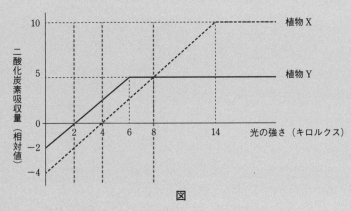

図

0 ～ 2（光の強さ）：植物 X と植物 Y はともに二酸化炭素吸収量が負の値となり，どちらも成長しない。

2 ～ 4（光の強さ）：植物 Y は二酸化炭素吸収量が正の値となるが，植物 X は負の値となるので植物 Y だけ成長する。

4 ～ 8（光の強さ）：植物 X と植物 Y はともに二酸化炭素吸収量が正の値となり，どちらも成長するが，植物 Y の方が見かけの光合成速度が大きく，植物 X よりも成長すると考えられる。よって，④が正解となる。

8 以上（光の強さ）：植物 X と植物 Y はともに二酸化炭素吸収量が正の値となり，どちらも成長するが，植物 X の方が見かけの光合成速度が大きく，植物 Y よりも成長すると考えられる。

[解答] ④

16 遷移
（2018 神戸学院大改）

　次の図のa～eは，火山活動で流れ出た年代が異なる5つの溶岩の上に
発達した日本列島の暖温帯の丘陵帯（低地帯）にみられる森林である。こ
れらの森林は，溶岩から始まる遷移の過程とみなすことができる。それぞ
れの森林に，同じ大きさの方形の枠を設定し，その中に自生している2種
類の樹木（A種及びB種）の幹の直径とその本数を計測したものである。

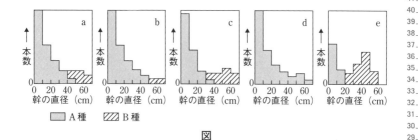

図

問 図のa～eの森林を遷移の順に並び替えたものとして最も適切なもの
を，次のA～Fのうちから1つ選べ。

A　e→c→a→b→d　　　B　e→a→c→b→d

C　d→b→a→c→e　　　D　d→b→c→a→e

E　e→c→b→a→d　　　F　d→b→e→c→a

問題文を読んで，どこに注目，注意すればよいかを確認しよう！

次の図のａ〜ｅは，火山活動で流れ出た年代が異なる５つの溶岩の上に発達した日本列島の暖温帯の丘陵帯（低地帯）にみられる森林である。これらの森林は，溶岩から始まる遷移の過程とみなすことができる。それぞれの森林に，同じ大きさの方形の枠を設定し，その中に自生している２種類の樹木（Ａ種及びＢ種）の幹の直径とその本数を計測したものである。

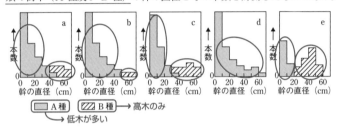

図

問 図のａ〜ｅの森林を遷移の順に並び替えたものとして最も適切なものを，次のＡ〜Ｆのうちから１つ選べ。

A　e→c→a→b→d　　B　e→a→c→b→d

C　d→b→a→c→e　　D　d→b→c→a→e

E　e→c→b→a→d　　F　d→b→e→c→a

👀 目のつけどころ

☑ 図から，A 種が陰樹，B 種が陽樹であることに気づけたか。

暖温帯の丘陵帯では，一般に次のように**遷移**が進行する。

裸地・荒原 → 草原 → 低木林 → 陽樹林 → 混交林 → 陰樹林（極相）

森林が形成されるとき，次のように**先駆樹種の陽樹からなる陽樹林から極相の陰樹林へ遷移が進行する。**

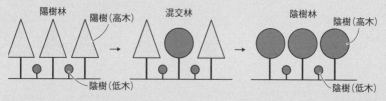

典型的な陽樹と陰樹の芽生えの光の強さと光合成速度（二酸化炭素吸収速度）の関係を示すと次のようになる。

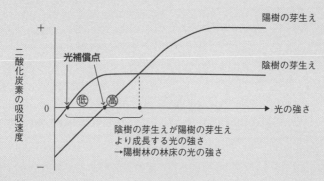

陽樹と**陰樹**の芽生えには次のような特徴がある。

陽樹の芽生え：光補償点が高く，林床のような弱光下では生育しない。

陰樹の芽生え：光補償点が低く，林床のような弱光下でも成長する。

● 陽樹林

陽樹林の林床は暗く，陽樹の芽生えは成長できないが，光補償点の低い

陰樹の芽生えは成長する。つまり，次世代の陽樹は育たないので徐々に陰樹と陽樹の混じった混交林へ移行する。

陽樹の芽生えは成長しない
陰樹の芽生えは成長する
林床は暗い

● 陰樹林

　陰樹林の林床も暗いが，光補償点の低い陰樹の芽生えは成長する。つまり，次世代の陰樹が成長し，陰樹林が維持され，極相となる。

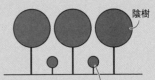

陰樹
陰樹の芽生えは成長する

　問題を解くうえで図 e の森林の様子をイメージするとわかりやすい。

　B 種では，幹の直径が大きいもの（成長した高木）だけが存在し，幹の直径が小さいもの（芽生えや幼木）は存在していない。つまり，B 種は次世代が育っていないので陽樹と考えられる。A 種は幹の直径の小さいものだけが存在しており，今後成長していくことが予想される陰樹と考えられる。

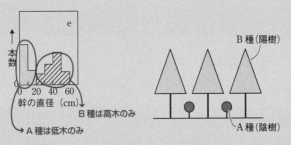

B 種は高木のみ
A 種は低木のみ
B 種（陽樹）
A 種（陰樹）

　図 e の森林から遷移が進行すると，陽樹の B 種は，幹の直径が 60（cm）以上に成長するものもあるが，本数は徐々に減少し，陰樹の A 種の芽生えや幼木の本数が増え，いずれ陰樹の A 種のみの森林となると考えられる。よって，陽樹の B 種が減少していく順が遷移の順になるので，e → c → a → b → d となる。

[解答] A

17 生物濃縮
（2007 松山大改）

　近年，有機水銀などの重金属やDDTなどの有機塩素系化合物などが，生態系のなかで生物の体内で高濃度に濃縮された例が知られている。

　次の図は，さまざまな薬剤濃度の水中でニジマスを飼育したときのニジマスが死亡するまでの時間（生存日数）とニジマスの体内に蓄積された薬剤の濃度との関係を示したものである。この図から，薬剤散布が環境に与える影響についてどのようなことがいえると考えられるか。最も適当なものを，次の①〜⑤のうちから一つ選べ。

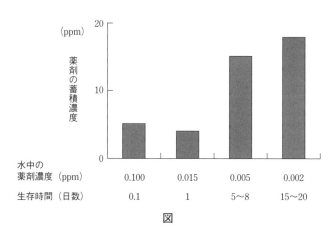

図

① 水中の薬剤濃度が低ければ，ニジマスはすぐには死なないので，水中に薬剤を散布しても環境に与える影響は小さい。

② 水中の薬剤濃度が低いほどニジマスの体内への薬剤の蓄積が多くなるが，大型の鳥類など，より高次の消費者への影響は小さい。

③ 水中の薬剤濃度が低いほどニジマスの体内への薬剤の蓄積が多くなり，大型の鳥類など，より高次の消費者への影響が大きくなる。

④ 水中の薬剤濃度が高いとニジマスの生存時間は長くなり，ニジマスの体内への薬剤の蓄積も多くなる。

⑤ 水中の薬剤濃度が高いとニジマスはすぐに死亡するが，死んだ時点のニジマスの体内への薬剤の蓄積は少ないので，環境に与える影響も小さい。

問題文を読んで，**どこに注目，注意すればよいか**を確認しよう！

近年，有機水銀などの重金属や DDT などの有機塩素系化合物などが，生態系のなかで生物の体内で高濃度に濃縮された例が知られている。

次の図は，さまざまな薬剤濃度の水中でニジマスを飼育したときのニジマスが死亡するまでの時間（生存日数）とニジマスの体内に蓄積された薬剤の濃度との関係を示したものである。この図から，薬剤散布が環境に与える影響についてどのようなことがいえると考えられるか。最も適当なものを，次の①〜⑤のうちから一つ選べ。

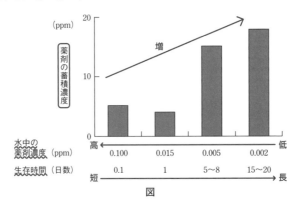

図

① 水中の薬剤濃度が低ければ，ニジマスはすぐには死なないので，水中に薬剤を散布しても環境に与える影響は小さい。

② 水中の薬剤濃度が低いほどニジマスの体内への薬剤の蓄積が多くなるが，大型の鳥類など，より高次の消費者への影響は小さい。

③ 水中の薬剤濃度が低いほどニジマスの体内への薬剤の蓄積が多くなり，大型の鳥類など，より高次の消費者への影響が大きくなる。

④ 水中の薬剤濃度が高いとニジマスの生存時間は長くなり，ニジマスの体内への薬剤の蓄積も多くなる。

⑤ 水中の薬剤濃度が高いとニジマスはすぐに死亡するが，死んだ時点のニジマスの体内への薬剤の蓄積は少ないので，環境に与える影響も小さい。

👀 目のつけどころ

✓ 図で,薬剤濃度が低いと生存日数は伸びるが,体内の薬剤濃度が高くなることに気づけたか。

　ある物質が,食物連鎖を通して環境中よりも生物体内で高い濃度で蓄積する現象を**生物濃縮**という。**図**から,「薬剤」,「ニジマスの生存日数」,「ニジマスの体内に蓄積された薬剤の濃度」の3つの関係を読み取ることが要求されている。与えられたグラフからは,**水中の薬剤濃度が低いほど,ニジマスの生存日数は長くなるが,ニジマスの体内に蓄積された薬剤の濃度は高くなることがわかる。**

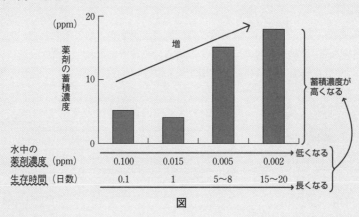

図

　選択肢を検討する。

①,② 誤り。③ 正しい。**図**から,水中の薬剤濃度が低ければ,ニジマスはすぐには死なないが,ニジマスの体内に蓄積された薬剤の濃度は高くなるので,ニジマスを捕食する生物体内でさらに薬剤が蓄積されることになり,食物連鎖を通してより高次の消費者への影響が大きくなると考えられる。

④ 誤り。水中の薬剤濃度が高いと,ニジマスの生存時間は短くなっている。

⑤ 誤り。水中の薬剤濃度が高いと,ニジマスはすぐに死亡している。死亡した時点のニジマスの体内への薬剤の蓄積は,すぐに死んだので確かに少ないが,ニジマスが死ぬので,環境に与える影響が小さいとはいえない。

[解答] ③

18 酵母の実験

（2018 埼玉医科大改）

　酵母は，酸素がないときにはアルコール発酵によって，酸素があるときにはアルコール発酵と呼吸を同時に行う。酵母のアルコール発酵と呼吸について**図1**に示す実験装置を用いて下の実験1〜3を行った。実験はすべて30℃，一定気圧のもとで行い，三角フラスコ内にはそれぞれ同量の酵母とグルコースを入れて培養した。密閉した容器内の気体の増減量をガラス管内の色素液の移動によって測定した。結果を**図2**に示す。

〔実験1〕　ビーカー内には十分量の水酸化ナトリウム水溶液を入れて密閉した。
〔実験2〕　ビーカー内には実験1と同量の蒸留水を入れて密閉した。
〔実験3〕　ビーカー内には実験1と同量の蒸留水を入れ，三角フラスコ内の空気を窒素に置き換えて密閉した。

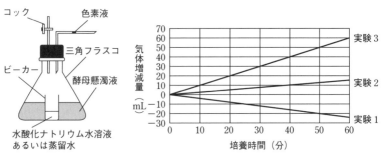

図1　実験装置　　　　**図2**　培養時間と気体増減量との関係

問1 実験1と実験2の結果から，アルコール発酵により発生した1分間当たりの二酸化炭素量（mL）に最も近い数値を，次の①〜⑤のうちから1つ選べ。

①　0.25　　②　0.40　　③　0.50　　④　0.65　　⑤　0.80

問2 実験1と実験2の結果から，アルコール発酵と呼吸で消費されたグルコース量（重量）の比として最も適切なものを，次の①〜⑤のうちから1つ選べ。

①　1:3　　②　3:8　　③　3:5　　④　15:8　　⑤　15:4

問3 実験2と実験3の結果から，実験2と実験3のアルコール発酵で消費されたグルコース量（重量）の比として最も適切なものを，次の①〜⑤のうちから1つ選べ。

① 1:2　　② 1:4　　③ 4:1　　④ 15:8　　⑤ 15:4

問題文を読んで，**どこに注目，注意すればよいかを確認しよう！**

酵母は，酸素がないときにはアルコール発酵によって，酸素があるときにはアルコール発酵と呼吸を同時に行う。酵母のアルコール発酵と呼吸について**図1**に示す実験装置を用いて下の実験1～3を行った。実験はすべて30℃，一定気圧のもとで行い，三角フラスコ内にはそれぞれ同量の酵母とグルコースを入れて培養した。密閉した容器内の気体の増減量をガラス管内の色素液の移動によって測定した。結果を**図2**に示す。

〔実験1〕 ビーカー内には十分量の水酸化ナトリウム水溶液を入れて密閉した。

〔実験2〕 ビーカー内には実験1と同量の蒸留水を入れて密閉した。

〔実験3〕 ビーカー内には実験1と同量の蒸留水を入れ，三角フラスコ内の空気を窒素に置き換えて密閉した。

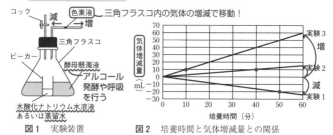

図1　実験装置　　　　図2　培養時間と気体増減量との関係

問1 実験1と実験2の結果から，アルコール発酵により発生した1分間当たりの二酸化炭素量（mL）に最も近い数値を，次の①～⑤のうちから1つ選べ。

①　0.25　　②　0.40　　③　0.50　　④　0.65　　⑤　0.80

問2 実験1と実験2の結果から，アルコール発酵と呼吸で消費されたグルコース量（重量）の比として最も適切なものを，次の①～⑤のうちから1つ選べ。

①　1：3　　②　3：8　　③　3：5　　④　15：8　　⑤　15：4

問3 実験2と実験3の結果から，実験2と実験3のアルコール発酵で消費されたグルコース量（重量）の比として最も適切なものを，次の①～⑤のうちから1つ選べ。

①　1：2　　②　1：4　　③　4：1　　④　15：8　　⑤　15：4

👀 目のつけどころ

✅ 図2で，実験2の気体増加量はアルコール発酵による二酸化炭素放出量であることに気づけたか。

酵母は，酸素がないときには**アルコール発酵**のみを行うが，酸素があるときは**アルコール発酵と呼吸を同時に行い**，酸素が多くなると**呼吸を中心に行う**ようになる。

酸素がないとき：アルコール発酵のみ

$$C_6H_{12}O_6 \longrightarrow 2C_2H_5OH + \underset{放出}{2CO_2}$$

アルコール発酵では，エタノールが生成し，気体として CO_2 が放出されるだけなので，三角フラスコ内の気体の体積は放出された CO_2 の分だけ増加する。

酸素があるとき：アルコール発酵と呼吸

$$C_6H_{12}O_6 \longrightarrow 2C_2H_5OH + \underset{放出}{2CO_2} \qquad （アルコール発酵）$$

$$C_6H_{12}O_6 + 6H_2O + \underset{吸収}{6O_2} \longrightarrow \underset{放出}{6CO_2} + 12H_2O \qquad （呼吸）$$

呼吸では吸収される O_2 と放出される CO_2 の量が等しいので三角フラスコ内の気体の体積の増減に影響しない。よって，アルコール発酵で放出される CO_2 の分だけ気体の体積は増加する。

実験1〜実験3を検討する。

〔実験1〕 三角フラスコ内には空気（O_2）があるので，酵母はアルコール発酵と呼吸を同時に行うが，ビーカー内には CO_2 を吸収する水酸化ナトリウム水溶液があり，アルコール発酵と呼吸で放出された CO_2 はすべて水酸化ナトリウム水溶液に吸収される。そのため，三角フラスコ内の気体

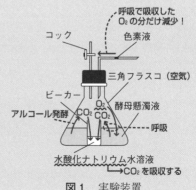

図1　実験装置

の体積は，呼吸で吸収された O_2 の分だけ減少する。よって，**図2**の実験1のグラフは呼吸によって吸収された O_2 の体積を示すことになる。

〔実験2〕　三角フラスコ内には空気（O_2）があるので，酵母はアルコール発酵と呼吸を同時に行うが，実験1と異なり，ビーカー内に蒸留水が入れてあるので，三角フラスコ内の気体は，アルコール発酵で放出された CO_2 の分だけ増加する。よって，**図2**の実験2のグラフはアルコール発酵によって放出された CO_2 の体積を示すことになる。

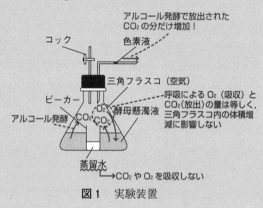

図1　実験装置

〔実験3〕　三角フラスコ内には空気の代わりに窒素が入っているので，酵母はアルコール発酵のみ行う。ビーカー内には蒸留水が入れてあるので，三角フラスコ内の気体は，アルコール発酵で放出された CO_2 の分だけ増加する。よって，**図2**の実験3のグラフはアルコール発酵によって放出された CO_2 の体積を示すことになる。なお，酸素がなく実験2よりアルコール発酵が多く起こるため，実験2よりもアルコール発酵で放出される CO_2 は多くなる。

アルコール発酵で放出された
CO₂ の分だけ増加！

コック　　色素液

三角フラスコ（N₂ のみ，O₂ なし）

ビーカー

アルコール発酵　CO₂　酵母懸濁液

蒸留水
→CO₂ を吸収しない

図1　実験装置

問1 図2より実験2では，アルコール発酵により40分で10 mL の CO_2 が放出されているので，1分間当たりの二酸化炭素の放出量は，

$$10 \div 40 = 0.25 \,(\text{mL/分})$$

となる。よって，正解は①となる。

問2 図2より実験1では，呼吸により50分で20 mL の酸素が吸収されているので，1分間当たりの酸素の吸収量は，

$$20 \div 50 = 0.40 \,(\text{mL/分})$$

となる。

　よって，**問1** でわかったアルコール発酵による1分間当たりの二酸化炭素の放出量と呼吸による1分間当たりの酸素の吸収量から，アルコール発酵と呼吸で消費されたグルコース量（重量）の比は，

$$C_6H_{12}O_6 \longrightarrow 2C_2H_5OH + 2CO_2$$
$$\frac{1}{2}$$

$$C_6H_{12}O_6 + 6H_2O + 6O_2 \longrightarrow 6CO_2 + 12H_2O$$
$$\frac{1}{6}$$

$$0.25 \times \frac{1}{2} : 0.40 \times \frac{1}{6} = 15 : 8$$

となる。よって，正解は④となる。

問3 図2より実験3では，アルコール発酵により10分で10 mL の CO_2 が放出されているので，1分間当たりの二酸化炭素の放出量は，

$10 \div 10 = 1.0$（mL/分）

となる。**問1**より，実験2では，1分間当たりの二酸化炭素の放出量は，0.25（mL/分）だったので，

$0.25 : 1.0 = 1 : 4$

となる。よって，正解は②となる。

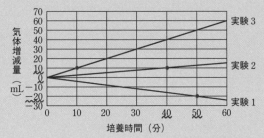

図2 培養時間と気体増減量との関係

[解答] **問1** ①　　**問2** ④　　**問3** ②

19 ファージの実験

(2018 玉川大改)

T_2ファージの頭部の外殻や尾部を構成するタンパク質を^{35}Sで標識したT_2ファージと，DNAを^{32}Pで標識したT_2ファージをそれぞれ用意し，通常の培地で培養している大腸菌の培養液に別々に感染させた。その後，大腸菌培養液を遠心分離して上澄みを除去し，沈殿した大腸菌を新しい培養液に懸濁し，一定時間ミキサーで激しく撹拌してもう一度遠心分離した。

その後，上澄み中に含まれる^{32}Pと^{35}Sの放射線量を測定した。ミキサーによる撹拌時間と，上澄みの放射線量（相対値）を図に示した。

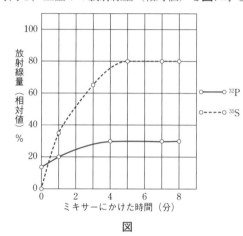

図

図でT_2ファージを感染させ大腸菌をミキサーで撹拌した時に，上澄み中へ出現する放射性同位体量から次のようなことが推測される。この文章中の空欄(X)と(Y)に入る数値として最も適当なものはどれか。下の①〜⑧のうちから一つずつ選べ。

図より，ファージの持つ，タンパク質の約 (X) %が十分なミキサー処理を行っても大腸菌と一体になっていることがわかる。また，大腸菌へDNAを注入できなかったファージが少なくとも (Y) %存在していたこともわかる。

① 1　② 7　③ 10　④ 20　⑤ 30　⑥ 40
⑦ 70　⑧ 80

問題文を読んで，**どこに注目，注意すればよいかを確認しよう！**

T_2 ファージの頭部の外殻や尾部を構成するタンパク質を ^{35}S で標識した T_2 ファージと，DNA を ^{32}P で標識した T_2 ファージをそれぞれ用意し，通常の培地で培養している大腸菌の培養液に別々に感染させた。その後，大腸菌培養液を遠心分離して上澄みを除去し，沈殿した大腸菌を新しい培養液に懸濁し，一定時間ミキサーで激しく撹拌(かくはん)してもう一度遠心分離した。

その後，上澄み中に含まれる ^{32}P と ^{35}S の放射線量を測定した。ミキサーによる撹拌時間と，上澄みの放射線量（相対値）を図に示した。

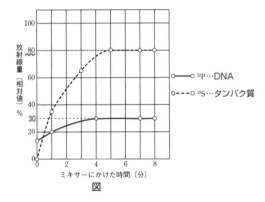

図

図で T_2 ファージを感染させ大腸菌をミキサーで撹拌した時に，上澄み中へ出現する放射性同位体量から次のようなことが推測される。この文章中の空欄(X)と(Y)に入る数値として最も適当なものはどれか。下の①～⑧のうちから一つずつ選べ。

図より，ファージの持つ，タンパク質の約 [X] ％が十分なミキサー処理を行っても大腸菌と一体になっていることがわかる。また，大腸菌へ DNA を注入できなかったファージが少なくとも [Y] ％存在していたこともわかる。

① 1　② 7　③ 10　④ 20　⑤ 30　⑥ 40

⑦ 70　⑧ 80

👁 目のつけどころ

✅ 図で，放射線量は大腸菌から離れたタンパク質やDNAからのものであることに気づけたか。

T₂ファージは右の図のように，外殻はタンパク質，内部にDNAをもち，他の物質をもたない。タンパク質は放射性同位体の^{35}Sで，DNAは放射性同位体の^{32}Pで標識することでその所在を知ることができる。この問題の実験はかつて**ハーシーとチェイス**が行った実験で，**遺伝子の本体がタンパク質でなくDNAであることを証明した**ものである。

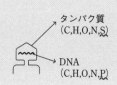

タンパク質
(C,H,O,N,S)

DNA
(C,H,O,N,P)

次の図のように，T₂ファージは，大腸菌の細胞内にDNAを注入し，そのDNAを大腸菌に複製させる。さらにT₂ファージの外殻のタンパク質を大腸菌に合成させ，細胞内で増殖して細胞を破壊して細胞外へ出ていく。

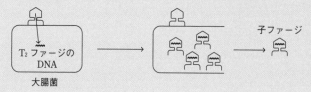

T₂ファージの
DNA

大腸菌

子ファージ

実験は次の図のようになる。ミキサーで激しく撹拌するのは，大腸菌に吸着したT₂ファージの外殻を大腸菌からはがすためである。なお，ミキサー処理により大腸菌からはがれないT₂ファージが存在すること，ミキサー処理までに大腸菌にDNAを注入していないT₂ファージが存在することに注意する。遠心分離すると，**小さなT₂ファージは上澄みに，大きな大腸菌は沈殿する**。

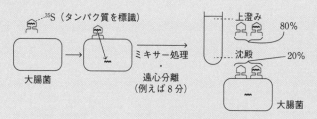

^{35}S（タンパク質を標識）

大腸菌

ミキサー処理
・
遠心分離
（例えば8分）

上澄み 80%

沈殿 20%

大腸菌

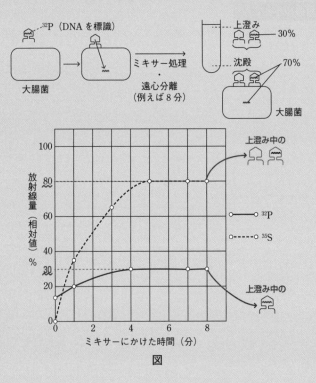

図

X：上澄みに ^{35}S が80％あるので，大腸菌とともに沈んだのは，

$\underline{100-80=20（\%）}$

となる。

Y：上澄みに ^{32}P が30％あるので，大腸菌へ DNA を注入できなかった
ファージが少なくとも30％いることになる。

[解答] X：④　　Y：⑤

---

20 母性因子
（2015 甲南女子大改）

　ショウジョウバエの未受精卵の前端にはビコイド mRNA，後端にはナノス mRNA が局在している。受精後にまずこれらの mRNA が翻訳される。図は，受精後しばらくした後のショウジョウバエの卵内の４つのタンパク質（ハンチバック，コーダル，ビコイド，ナノス）の濃度を，体の前後軸に従って模式的に示したものである。ただし，ハンチバックおよびコーダル mRNA は卵に均等に分布している。

　この図だけから想定できる，ビコイドおよびナノスタンパク質のはたらきを説明した以下のア～エの文章はそれぞれ正しいか。正しいものには①を，正しくないものには②を選びなさい。ただし，ビコイドおよびナノスタンパク質は，コーダル mRNA およびハンチバック mRNA の翻訳を促進または阻害する可能性があるものとする。

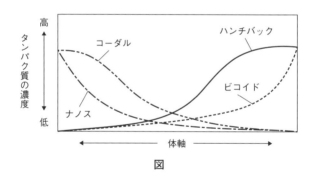

図

ア　ビコイドタンパク質は，コーダル mRNA の翻訳を阻害する。
イ　ビコイドタンパク質は，ハンチバック mRNA の翻訳を促進する。
ウ　ナノスタンパク質は，コーダル mRNA の翻訳を阻害する。
エ　ナノスタンパク質は，ハンチバック mRNA の翻訳を促進する。

問題文を読んで，**どこに注目，注意すればよいか**を確認しよう！

ショウジョウバエの未受精卵の前端にはビコイド mRNA，後端にはナノス mRNA が局在している。受精後にまずこれらの mRNA が翻訳される。図は，受精後しばらくした後のショウジョウバエの卵内の4つのタンパク質（ハンチバック，コーダル，ビコイド，ナノス）の濃度を，体の前後軸に従って模式的に示したものである。ただし，ハンチバックおよびコーダル mRNA は卵に均等に分布している。

この図だけから想定できる，ビコイドおよびナノスタンパク質のはたらきを説明した以下の**ア～エ**の文章はそれぞれ正しいか。正しいものには①を，正しくないものには②を選びなさい。ただし，ビコイドおよびナノスタンパク質は，コーダル mRNA およびハンチバック mRNA の翻訳を促進または阻害する可能性があるものとする。

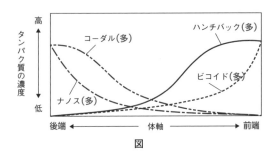

図

ア ビコイドタンパク質は，コーダル mRNA の翻訳を阻害する。
イ ビコイドタンパク質は，ハンチバック mRNA の翻訳を促進する。
ウ ナノスタンパク質は，コーダル mRNA の翻訳を阻害する。
エ ナノスタンパク質は，ハンチバック mRNA の翻訳を促進する。

😊 目のつけどころ

✓ 図で,ビコイドタンパク質が多いと,コーダル mRNA の翻訳が阻害されていることに気づけたか。

問題文からショウジョウバエの未受精卵では次のように mRNA が分布していると考えられる。

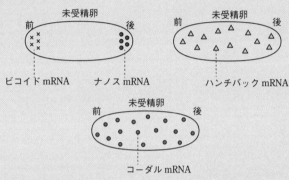

受精後にビコイド mRNA とナノス mRNA が**翻訳**されて生じたビコイドタンパク質とナノスタンパク質が,コーダル mRNA およびハンチバック mRNA の翻訳を促進または阻害するかどうかを**図**から考える。

選択肢を検討する。

ア ビコイドタンパク質の濃度の低いところではコーダルタンパク質の濃度は高くなり,ビコイドタンパク質の濃度の高いところではコーダルタンパク質の濃度は

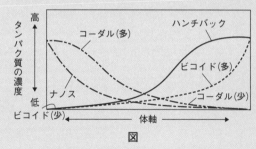

逆に低くなっているので,ビコイドタンパク質は,コーダル mRNA の翻訳を阻害すると考えられる。よって,**ア**は正しい。

イ ビコイドタンパク質の濃度の高いところではハンチバックタンパク質の濃度は高くなり,ビコイドタンパク質の濃度の低いところではハンチバックタンパク質の濃度も低くなっているので,ビコイドタンパク質は,

ハンチバック mRNA の翻訳を促進すると考えられる。よって，**イ**は正しい。

ウ ナノスタンパク質の濃度の高いところではコーダルタンパク質の濃度も高くなり，ナノスタンパク質の濃度の低いところではコーダルタンパク質の濃度も低くなっているので，ナノスタンパク質は，コーダル mRNA の翻訳を促進すると考えられる。よって，**ウ**は誤りである。

エ ナノスタンパク質の濃度の低いところではハンチバックタンパク質の濃度が高くなり，ナノスタンパク質の濃度の高いところではハンチバックタンパク質の濃度が低くなっ

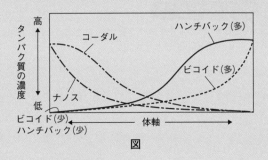
図

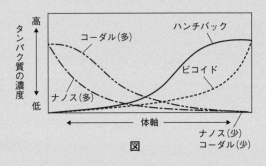
図

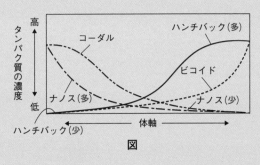
図

ているので，ナノスタンパク質は，ハンチバック mRNA の翻訳を阻害すると考えられる。よって，**エ**は誤りである。

［解答］ア ①　イ ①　ウ ②　エ ②

---

21 核移植
(2010 関西学院大改)

　体細胞核の発生を進める能力が発生の過程で変化するかどうかを調べるために，アフリカツメガエルを用いて次のような実験を行った。体色が黒い野生型の個体から未受精卵を取り出し，紫外線で除核した。様々な発生段階のアルビノ（白化）個体の体細胞核を取り出し，除核した未受精卵に移植して，その後の発生を調べた。この実験の結果を**図**に示した。なお，**図**において正常な胞胚になったものの割合が40％以下であるのは，核移植操作により卵が傷害を受け，正常な胞胚とならなかったためである。

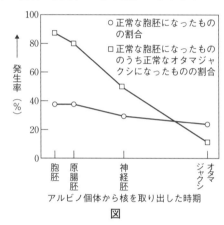

図

問1 実験でアルビノ個体を用いた理由として最も適当なものを，次の①〜④のうちから一つ選べ。

① 黒いメラニン色素が発生に与える影響を調べるため。

② アルビノ個体の発生過程は内部まで観察しやすいため。

③ 移植核により個体発生が起きたことを示すため。

④ アルビノ個体の発生は紫外線の影響を受けにくいため。

問2 実験の結果のグラフに関する記述として最も適当なものを，次の①～④のうちから一つ選べ。

① 胞胚期の核を移植すると，約85 %がオタマジャクシとなる。

② オタマジャクシの核を移植すると，約3 %がオタマジャクシとなる。

③ 神経胚の核を移植したときが，オタマジャクシまで発生する率が最も高い。

④ 発生段階が進んだ核を移植すると，正常発生する率が高い。

解説編

問題文を読んで，**どこに注目，注意すればよいか**を確認しよう！

　　体細胞核の発生を進める能力が発生の過程で変化するかどうかを調べるために，アフリカツメガエルを用いて次のような実験を行った。体色が黒い野生型の個体から未受精卵を取り出し，紫外線で除核した。様々な発生段階のアルビノ（白化）個体の体細胞核を取り出し，除核した未受精卵に移植して，その後の発生を調べた。この実験の結果を図に示した。なお，図において正常な胞胚になったものの割合が40 %以下であるのは，核移植操作により卵が傷害を受け，正常な胞胚とならなかったためである。

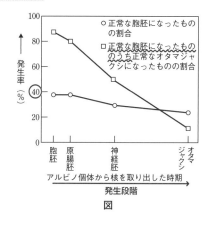

図

　カエルの受精卵は，次の図のように体細胞分裂（卵割）を繰り返して発生し，オタマジャクシとなる。発生の進行に伴って，細胞内では特定の遺伝子が発現し，細胞は特定のはたらきや形態をもつようになり，これを**分化**という。受精卵の核は，個体発生に必要な遺伝情報をもつが，この個体発生に必要な遺伝情報が，分化した体細胞核でも保存されているのか，いないのかを調べた実験についてこの問題では問うている。

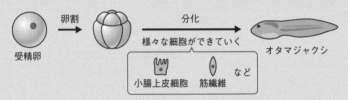

問1 DNA は，強い紫外線を吸収すると突然変異を起こす。実験では，体色が黒い野生型の個体から未受精卵を取り出して紫外線で除核したとあるが，これは紫外線照射で DNA に突然変異を起こして核を破壊することを意味する。しかし，紫外線照射で除核が100 ％成功するとは限らないため，紫外線で破壊されなかった未受精卵の核により個体発生が起こる可能性がある。また，移植核も黒い野生型のものを使うと，次の図のように発生したオタマジャクシはみな黒い野生型となり，この個体が移植核により発生したのか，除核に失敗した未受精卵の核により発生したのかを区別できない。

そこで，移植核としてアルビノ個体の核を使っている。移植したアルビノ個体の核のはたらきでオタマジャクシが発生すればオタマジャクシはアルビノとなり，除核に失敗した未受精卵の核によりオタマジャクシが発生すればオタマジャクシは黒い野生型となる。つまり，移植核によって個体発生が起きたのか，未受精卵の核によって個体発生が起きたのかを区別できる。よって，正解は③となる。

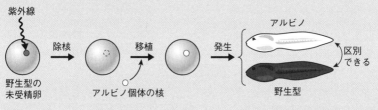

問2 実験結果を示す**図**には2つのグラフがある。○のグラフは，正常な胞胚になったものの割合とある。横軸は，アルビノ個体から核を取り出した時期（胞胚〜オタマジャクシ）であり，野生型の除核未受精卵に移植する核の発生段階を示している。例えば，発生段階が最も初期の胞胚期の核を移植すると約38％が胞胚まで発生するが，最も発生段階が進み細胞の多くが分化しているオタマジャクシの体細胞の核を移植すると約25％が胞胚まで発生している。このことから，移植核の発生段階が進行すると，胞胚まで発生する確率は少し低くなるが大きな差はないことがわかる。

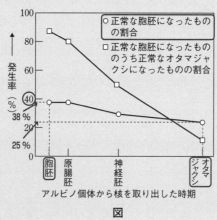

図

□のグラフは，○のグラフでアルビノ個体の核を野生型の除核未受精卵に移植して正常な胞胚まで発生したもののうち，その後正常なオタマジャクシになったものの割合である。例えば，胞胚期の核を未受精卵に移植すると○のグラフから約38％が胞胚まで発生し，さらにその後□のグラフから約87％がオタマジャクシになっていることがわかる。つまり，胞胚期の核を移植してオタマジャクシまで発生した割合は，

$$0.38 \times 0.87 ≒ 0.33$$

となり，約33％ということになる。□のグラフからは，移植核の発生段階が進行すると，胞胚からオタマジャクシまで発生する率が○のグラフに比べて大きく低下していることがわかる。

　○と□のグラフを合わせて考えると，**オタマジャクシの体細胞のように分化した体細胞の核にも個体発生（オタマジャクシまで発生）に必要な遺伝情報が保存されている**こと，また，**移植核の発生段階が進行するほど，個体発生に必要な遺伝情報を再び発現させることが難しいこと**がわかる。

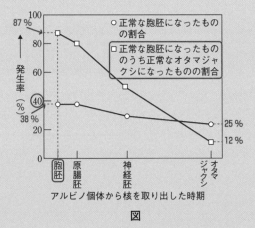

図

　選択肢を検討する。

① 　誤り。胞胚期の核を移植すると，上記から約33％がオタマジャクシとなる。

② 　正しい。オタマジャクシの核を移植すると，約25％が胞胚まで発生し，さらにその後約12％がオタマジャクシになっている。つまり，オタマジャクシの核を未受精卵に移植してオタマジャクシまで発生した割合

は，

$$0.25 \times 0.12 = 0.03$$

となり，約3％ということになる。

③ 誤り。胞胚の核を移植したときが，オタマジャクシまで発生する率が最も高い。

④ 誤り。発生段階が進んだ核を移植すると，正常発生する率は低くなる。
以上より，②が正解となる。

[解答] 問1 ③　　問2 ②

分化全能性

個体を構成するあらゆる種類の細胞に分化することができる能力。動物や植物の個体発生は受精卵から起こるので，受精卵は**分化全能性**をもつ。かつては，小腸上皮細胞や筋繊維のように一度分化した細胞の核では，初期発生ではたらく遺伝子などは失われているのではないかという考えがあった。本問のような実験結果から，分化した体細胞の核にも，個体発生に必要な遺伝情報が失われることなく保持されていることがわかった。

22 iPS細胞
(2019 千葉大改)

　受精卵や ES 細胞（胚性幹細胞）の細胞質には，分化した細胞を初期化する因子が含まれていることが明らかにされた。

　この現象に着目して，山中博士（現京都大学 iPS 細胞研究所所長）らは ES 細胞に高く発現していた遺伝子をベクターに組み込み，人為的に発現させることで，2006年にマウス，2007年にヒトの皮膚の細胞を，さまざまな組織に分化する能力をもった細胞へと初期化させることに成功した。

　10種類の遺伝子を用いて山中博士らと同様の手法で iPS 細胞の作製を試みた。遺伝子（A 〜 J）をベクターに組み込み，同時にすべての遺伝子を皮膚の細胞に導入したところ iPS 細胞の作製に成功した。次に10種類の遺伝子のうち，必要な遺伝子を決定する目的で，1種類ずつ除いた9種類の遺伝子セットを導入して，再び iPS 細胞の作製を試みた。図は，それぞれの条件で100,000個の皮膚の細胞を用いて遺伝子導入をした時に，作製に成功した iPS 細胞の数を示す。図を参考に，**(1)**，**(2)** について答えなさい。

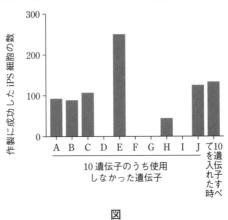

図

(1) 10種類の遺伝子のうち，iPS 細胞の作製に不可欠であると予想される遺伝子を A 〜 J の中からすべて選び，記号で答えなさい。

(2) 図に関する記述として最も適当なものを，次の①～⑤のうちから一つ選べ。

① 遺伝子 A，B，C は，分化した細胞の初期化を強く抑制している。

② 遺伝子 E は，分化した細胞の初期化を強く抑制している。

③ 遺伝子 E は，分化した細胞の初期化を強く促進している。

④ 遺伝子 J は，分化した細胞の初期化を強く抑制している。

⑤ 10種類の遺伝子をすべて導入すると，作製された iPS 細胞の数が最も多くなる。

問題文を読んで，**どこに注目，注意すればよいか**を確認しよう！

受精卵や ES 細胞（胚性幹細胞）の細胞質には，分化した細胞を初期化する因子が含まれていることが明らかにされた。

この現象に着目して，山中博士（現京都大学 iPS 細胞研究所所長）らは ES 細胞に高く発現していた遺伝子をベクターに組み込み，人為的に発現させることで，2006年にマウス，2007年にヒトの皮膚の細胞を，さまざまな組織に分化する能力をもった細胞へと初期化させることに成功した。

10種類の遺伝子を用いて山中博士らと同様の手法で iPS 細胞の作製を試みた。遺伝子（A〜J）をベクターに組み込み，同時にすべての遺伝子を皮膚の細胞に導入したところ iPS 細胞の作製に成功した。次に10種類の遺伝子のうち，必要な遺伝子を決定する目的で，1種類ずつ除いた9種類の遺伝子セットを導入して，再び iPS 細胞の作製を試みた。図は，それぞれの条件で100,000個の皮膚の細胞を用いて遺伝子導入をした時に，作製に成功した iPS 細胞の数を示す。図を参考に，❶，❷ について答えなさい。

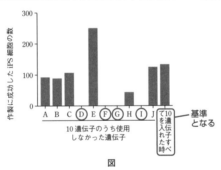

図

❶ 10種類の遺伝子のうち，iPS 細胞の作製に不可欠であると予想される遺伝子を A〜J の中からすべて選び，記号で答えなさい。

❷ 図に関する記述として最も適当なものを，次の①〜⑤のうちから一つ選べ。
① 遺伝子 A，B，C は，分化した細胞の初期化を強く抑制している。
② 遺伝子 E は，分化した細胞の初期化を強く抑制している。
③ 遺伝子 E は，分化した細胞の初期化を強く促進している。
④ 遺伝子 J は，分化した細胞の初期化を強く抑制している。
⑤ 10種類の遺伝子をすべて導入すると，作製された iPS 細胞の数が最も多くなる。

👁 目のつけどころ

✓ 図から, 遺伝子 D, F, G, I が iPS 細胞の作製に不可欠であることに気づけたか。

ヒトのような多細胞生物の細胞はどれも1個の受精卵から体細胞分裂によって増殖したものである。つまり, 受精卵は**多細胞生物のからだを構成するあらゆる細胞に分化する能力（分化全能性）**をもつ。初期胚から取り出して培養した **ES 細胞**もほぼ同様の分化全能性をもつ。一方, 特定の遺伝子を発現して特定のはたらきや形態をもつようになった, 分化した細胞が, 再び分化全能性を示すことは困難であると以前は考えられていた。

⑴ この問題では, 次のように ES 細胞で発現している遺伝子（A ～ J）を同時に皮膚の細胞に導入し, 分化した体細胞の初期化（受精卵に近い状態に戻す）を行い, **iPS 細胞**の作製に成功している。次に10遺伝子のうちどれか1つを除いて9種類の遺伝子セットを皮膚の細胞に導入し, iPS 細胞の作製に成功するか失敗するかを調べている。その結果, 遺伝子 D, F, G, I のどれか1つでも除くと iPS 細胞の作製に失敗することから, iPS 細胞の作製に不可欠であると予想される遺伝子は, 遺伝子 D, F, G, I となる。

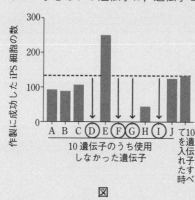

図

⑵ 選択肢を検討する。

① 誤り。遺伝子 A, B, C のいずれか1つを除くと, 10種類の遺伝子をすべて導入したときよりも, 作製された iPS 細胞の数が少しだけ減少している。もしも, 初期化を抑制しているなら, その遺伝子が除かれると作製

された iPS 細胞の数は増えるはずである。

② 正しい。③ 誤り。遺伝子 E を除くと，作製された iPS 細胞の数は大きく増加している。これは，遺伝子 E が，分化した細胞の初期化を強く抑制していたためであると考えられる。

④ 誤り。遺伝子 J を除くと，作製された iPS 細胞の数が少しだけ減少しているので，①と同様に考え，遺伝子 J は分化した細胞の初期化を抑制していない。

⑤ 誤り。10種類の遺伝子をすべて導入したときよりも，遺伝子 E を除いたときのほうが，作製された iPS 細胞の数が多くなる。

　以上より，正解は②である。

[解答] **[1]** D, F, G, I　　**[2]** ②

---

23 被子植物の受精

(2017 埼玉大学)

　胚のうが裸出しているトレニアは被子植物の受精の研究材料として用いられている。表に示した組み合わせで，トレニアの胚のうの特定の細胞を紫外線レーザー照射処理により破壊した。その後，レーザー照射処理をした胚のうが花粉管を誘引する割合を調べた。図のグラフはその実験結果を示している。花粉管の誘引を行う細胞に関する記述として最も適当なものを，下の①〜⑤から一つ選べ。

表　レーザー照射処理で破壊した細胞

レーザー 照射処理	1	2	3	4	5	6	7	8
卵 細 胞	○	×	○	○	×	×	○	○
中央細胞	○	○	×	○	×	○	×	○
助 細 胞	○	○	○	×	○	×	×	×
助 細 胞	○	○	○	○	○	○	○	×

破壊した細胞を×，破壊せずに生存させた細胞を○で示す。

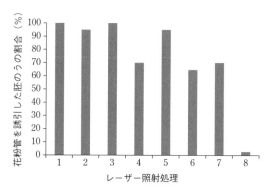

図　花粉管誘引に対するレーザー照射処理の影響

① 卵細胞のみである。

② 助細胞のみである。

③ 助細胞と卵細胞である。

④ 助細胞と中央細胞である。

⑤ 卵細胞と中央細胞である。

問題文を読んで，どこに注目，注意すればよいかを確認しよう！

　胚のうが裸出しているトレニアは被子植物の受精の研究材料として用いられている。**表**に示した組み合わせで，トレニアの胚のうの特定の細胞を紫外線レーザー照射処理により破壊した。その後，レーザー照射処理をした胚のうが花粉管を誘引する割合を調べた。**図**のグラフはその実験結果を示している。花粉管の誘引を行う細胞に関する記述として最も適当なものを，下の①〜⑤から一つ選べ。

表 レーザー照射処理で破壊した細胞

レーザー照射処理	1	2	3	4	5	6	7	8
卵細胞	○	×	○	○	×	×	○	○
中央細胞	○	○	×	○	×	○	×	○
助細胞	○	○	○	×	○	×	×	×
助細胞	○	○	○	○	○	○	○	×

破壊した細胞を×，破壊せずに生存させた細胞を○で示す。

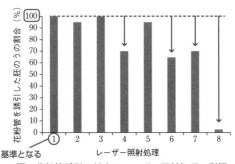

図 花粉管誘引に対するレーザー照射処理の影響

① 卵細胞のみである。
② 助細胞のみである。
③ 助細胞と卵細胞である。
④ 助細胞と中央細胞である。
⑤ 卵細胞と中央細胞である。

目のつけどころ

☑ 図で，花粉管を誘引するのは助細胞であることに気づけたか。

　被子植物の花粉は，めしべの柱頭に付着すると発芽して花粉管となり，**胚のう**内の胚珠に向かって伸びていく。この問題では，胚珠の細胞のうち，**花粉管の誘引を行う細胞がどの細胞なのか**を実験で調べている。

　トレニアの胚のうの特定の細胞を紫外線レーザー照射処理により破壊し，花粉管を誘引した割合を**図**に示している。

表 レーザー照射処理で破壊した細胞

レーザー 照射処理	1	2	3	4	5	6	7	8
卵 細 胞	○	×	○	○	×	×	○	○
中央細胞	○	○	×	○	×	○	×	○
助 細 胞	○	○	○	×	○	×	×	×
助 細 胞	○	○	○	○	○	○	○	×

破壊した細胞を×，破壊せずに生存させた細胞を○で示す。

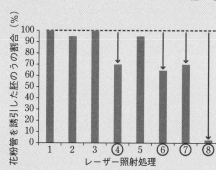

図 花粉管誘引に対するレーザー照射処理の影響

　紫外線レーザー照射処理をしていない**表**の1と比べて，2，3では，**卵細胞**や**中央細胞**を破壊しても，花粉管を誘引した胚のうの割合はほとんど変化しない。しかし，4では花粉管を誘引した胚のうの割合が1と比べて大きく減少している。よって，花粉管の誘引を行う細胞は，**助細胞**と考え

られる。また，**表**の6，7でも助細胞を1個破壊しており，**表**の4と同程度花粉管を誘引した割合が減少したと考えられる。助細胞を2個破壊した**表**の8では，花粉管を誘引した胚のうの割合がほとんど0になっている。以上から，花粉管を誘引する細胞は，胚のうの助細胞であると考えられる。よって，正解は②となる。

[解答] ②

[トレニア]

　通常，被子植物の胚のうは，めしべの子房の中に存在し，珠皮に包まれている。しかし，トレニアの胚のうは，子房の中でむき出しになっており，レーザー照射処理を行うことで，胚のう内の特定の細胞を破壊することができる。これを利用して，日本の東山哲也らは，花粉管の誘引を行う細胞が助細胞であることを明らかにした。

24 植物ホルモン
（2016 獨協医科大）

　植物の老化に対するさまざまな植物ホルモンの効果を調べるため，ダイコンの葉を用いた実験を行った。次の図は，ダイコンの葉のクロロフィル含量に対するアブシシン酸の効果を示すグラフである。また，複数の折れ線は，異なるサイトカイニンの濃度に対するクロロフィル含量の値を示している。図のグラフに関する記述として最も適当なものはどれか。下の①〜⑥のうちから一つ選びなさい。

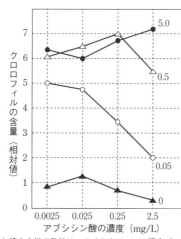

※折れ線の右端の数値は，サイトカイニンの濃度（mg/L）を示す。

図

① 　葉の老化はサイトカイニンにより抑制されるが，サイトカイニンの濃度が0.05 mg/L のときにはアブシシン酸の作用により老化が促進される。

② 　葉の老化はサイトカイニンにより抑制されるが，サイトカイニンの濃度が5.0 mg/L のときにはアブシシン酸の作用により老化が促進される。

③ 　葉の老化はサイトカイニンにより抑制されるが，サイトカイニンの濃度が0.05 mg/L のときにもアブシシン酸の作用により老化が抑制される。

④ 　葉の老化はサイトカイニンにより促進されるが，サイトカイニンの濃度が0.05 mg/L のときにもアブシシン酸の作用により老化が促進され

る。

⑤　葉の老化はサイトカイニンにより促進されるが，サイトカイニンの濃度が5.0 mg/L のときにもアブシシン酸の作用により老化が促進される。

⑥　葉の老化はサイトカイニンにより促進されるが，サイトカイニンの濃度が0.05 mg/L のときにはアブシシン酸の作用により老化が抑制される。

解説編

問題文を読んで，**どこに注目，注意すればよいか**を確認しよう！

　　植物の老化に対するさまざまな植物ホルモンの効果を調べるため，ダイコンの葉を用いた実験を行った。次の図は，ダイコンの葉のクロロフィル含量に対するアブシシン酸の効果を示すグラフである。また，複数の折れ線は，異なるサイトカイニンの濃度に対するクロロフィル含量の値を示している。図のグラフに関する記述として最も適当なものはどれか。下の①～⑥のうちから一つ選びなさい。

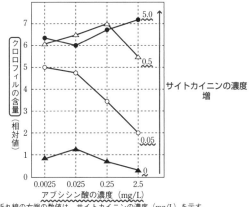

※折れ線の右端の数値は，サイトカイニンの濃度（mg/L）を示す。

図

植物の老化に対する**アブシシン酸**と**サイトカイニン**の効果を実験で調べている。葉のクロロフィル含量を植物の老化の指標とし，葉が老化すると，光合成に必要なクロロフィル含量が減少すると考える。この実験では，サイトカイニンの濃度を一定（0，0.05，0.5，5.0のいずれか）として，アブシシン酸の濃度を変えて葉の老化に対するアブシシン酸とサイトカイニンの効果を調べている。

● サイトカイニンの濃度が 0 (mg/L) のとき

アブシシン酸の濃度によらずクロロフィル含量は低い。つまり，サイトカイニンがなければ葉の老化が進んでいることがわかる。また，図よりサイトカイニンの濃度が高くなると，クロロフィルの含量が高くなることから，サイトカイニンは葉の老化を抑制すると考えられる。

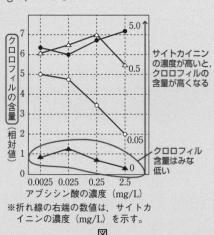

※折れ線の右端の数値は，サイトカイニンの濃度（mg/L）を示す。

図

● サイトカイニンの濃度が0.05(mg/L) のとき

アブシシン酸の濃度が0.025(mg/L)まではクロロフィルの含量は約5と高いが，アブシシン酸の濃度が0.025(mg/L) 以上になると，クロロフィル含量が大きく減少していく。つまり，濃度が0.05(mg/L) のサイトカイニンによる葉の老化抑制は，アブシシン酸の濃度が0.025(mg/L) 以上になると，その効果が低下していくと考えられる。

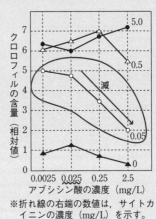

※折れ線の右端の数値は，サイトカイニンの濃度（mg/L）を示す。

図

● サイトカイニンの濃度が0.5(mg/L) のとき

アブシシン酸の濃度が0.25(mg/L)まではクロロフィルの含量は 6 から 7へと上昇するが，アブシシン酸の濃度が0.25(mg/L) 以上になると，クロロフィル含量が減少していく。つまり，濃度が0.5(mg/L) のサイトカイニンによる葉の老化抑制は，アブシシン酸の濃度が0.25(mg/L) 以上になると，その効果が低下していくと考えられる。

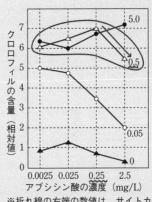

※折れ線の右端の数値は，サイトカイニンの濃度（mg/L）を示す。

図

● サイトカイニンの濃度が5.0 (mg/L) のとき

アブシシン酸の濃度によらず，クロロフィル含量が高い。つまり，濃度が5.0 (mg/L) のサイトカイニンによる葉の老化抑制は，アブシシン酸の濃度によらず効果があると考えられる。

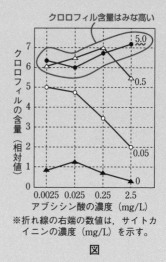

図

選択肢を検討する。

① 正しい。葉の老化はサイトカイニンにより抑制されるが，サイトカイニンの濃度が0.05 (mg/L) のときにはアブシシン酸の濃度上昇に伴ってクロロフィル含量が減り，老化が促進されている。

② 誤り。サイトカイニンの濃度が5.0 (mg/L) のときにはアブシシン酸の濃度によらず葉のクロロフィル含量は高く，老化は促進されていない。

③ 誤り。アブシシン酸の作用により老化が促進される。

④，⑤，⑥ 誤り。葉の老化はサイトカイニンにより促進されない。

[解答] ①

25 低温処理
（2019 玉川大）

　低温処理の期間がコムギの花芽形成に与える影響を調べる目的で以下の実験を行った。実験結果について，下の 問 に答えよ。

〔実験〕　コムギ品種Ⅰ～Ⅴの種子を用意し，低温処理を15日，30日，45日，60日間施した。これらの低温処理種子および無処理種子を，26℃で一定に保った容器内で，明期20時間・暗期4時間の長日条件で生育させ，開花までに新しく生えた葉の枚数を調べた。この結果を図に示す。

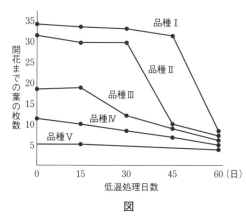

図

問 図から読み取れる内容として適当なものはどれか。次の①～⑤のうちから二つ選べ。ただし，解答の順序は問わない。
① どの品種であっても，低温刺激を与えることで発芽から開花までの時間は早くなる。
② 品種Ⅰにおいて，花芽形成が促進されるために必要な低温処理日数の閾値は，45日から60日の間にある。
③ 品種Ⅱに低温処理を30日間与えた場合は45日間与えた場合よりも開花にまで要する葉数は2倍多くなる。
④ 品種Ⅱと品種Ⅲにおいて，開花にまで要する葉数の差がもっとも大きくなるのは，15日間の低温刺激を与えた場合である。
⑤ 品種Ⅰに60日間の低温刺激を与えた場合と，品種Ⅳに15日間の低温刺激を与えた場合では，開花にまで要する葉数は同程度である。

問題文を読んで，**どこに注目，注意すればよいか**を確認しよう！

低温処理の期間がコムギの花芽形成に与える影響を調べる目的で以下の実験を行った。実験結果について，下の **問** に答えよ。

〔実験〕 コムギ品種Ⅰ〜Ⅴの種子を用意し，低温処理を15日，30日，45日，60日間施した。これらの低温処理種子および無処理種子を，26℃で一定に保った容器内で，明期20時間・暗期4時間の長日条件で生育させ，開花までに新しく生えた葉の枚数を調べた。この結果を図に示す。

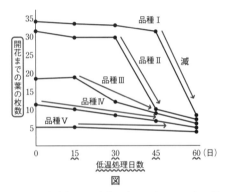

図

問 図から読み取れる内容として適当なものはどれか。次の①〜⑤のうちから**二つ**選べ。ただし，解答の順序は問わない。

① どの品種であっても，低温刺激を与えることで発芽から開花までの時間は早くなる。

② 品種Ⅰにおいて，花芽形成が促進されるために必要な低温処理日数の閾値は，45日から60日の間にある。

③ 品種Ⅱに低温処理を30日間与えた場合は45日間与えた場合よりも開花にまで要する葉数は2倍多くなる。

④ 品種Ⅱと品種Ⅲにおいて，開花にまで要する葉数の差がもっとも大きくなるのは，15日間の低温刺激を与えた場合である。

⑤ 品種Ⅰに60日間の低温刺激を与えた場合と，品種Ⅳに15日間の低温刺激を与えた場合では，開花にまで要する葉数は同程度である。

🔍 目のつけどころ

✅ 図で，葉の枚数が多いほど，開花までの日数が長いことに気づけたか。

実験は次のように行われている。

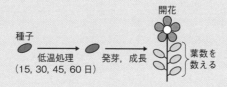

種子 →(低温処理 (15, 30, 45, 60日))→ 発芽，成長 → 開花 葉数を数える

一定の条件下（26℃，明期20時間・暗期4時間の長日条件）で生育させているので，発芽後の成長速度は低温処理の期間によらず一定と考えられる。つまり，**開花までの日数と開花までに新しく生えた葉の枚数は比例すると考える。**

選択肢を検討する。

① 誤り。図の品種Ⅴでは低温処理の期間によらず，開花までの葉の枚数は5枚とほぼ一定である。つまり，開花までの時間もほぼ一定と考えられる。

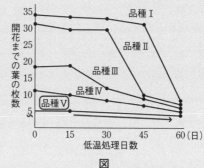

図

② 正しい。図から品種Ⅰでは，低温処理日数が0～45日までは開花までの葉の枚数がほとんど変化しないことから，開花までの時間もほとんど変化しないと考えられる。しかし，低温処理日数が45日と60日では，開花までの葉の枚数が大きく減少することから，開花までの時間が短くなると

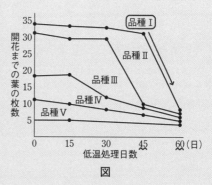

図

考えられる。よって，花芽形成が促進されていることになり，花芽形成のために必要な低温処理日数の閾値は，45日から60日の間にあると考えられる。

③　誤り。図から品種Ⅱに低温処理を30日間与えた場合の開花までの葉の枚数は約30，低温処理を45日間与えた場合の開花までの葉の枚数は約10であり，約3倍となっている。

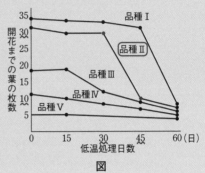

図

④　誤り。図から品種Ⅱと品種Ⅲにおいて，開花までの葉の枚数の差が最も大きくなるのは，30日間の低温刺激を与えた場合である。

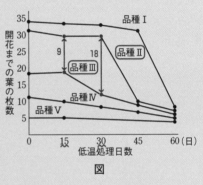

図

⑤　正しい。図から品種Ⅰに60日間の低温刺激を与えた場合と，品種Ⅳに15日間の低温刺激を与えた場合では，開花までの葉の枚数はどちらも約10であり同程度である。

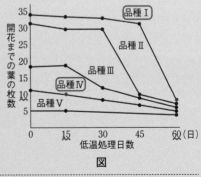

図

[解答]　②，⑤

26 暗順応
（2014 山梨学院大改）

網膜上には2種類の視細胞があり，これらが興奮することによって視覚が生じる。明るい所から急に暗い所に入ると，最初は何も見えないが，徐々に見えるようになる。このときの光に対する視細胞の感度を調べると，**図**のグラフが得られた。**図**は，時刻0で明所から暗所に入ったときの暗所に入ってからの時間と網膜に存在するAとBの2種類の視細胞に興奮が生じる閾値を測定したものである。**図**に関する記述として最も適当なものを，下の①〜⑨のうちからすべて選べ。

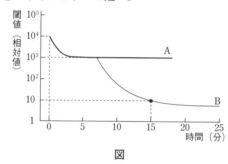

図

① 5分後には，視細胞の光に対する感度は，暗所に入る前と比べて約4分の1になった。

② 5分後には，視細胞の光に対する感度は，暗所に入る前と比べて約4倍になった。

③ 15分後には，視細胞の光に対する感度は，暗所に入る前と比べて約1000分の1になった。

④ 15分後には，視細胞の光に対する感度は，暗所に入る前と比べて約1000倍になった。

⑤ AもBも，黄斑付近を細い光で照射して閾値を測定した。

⑥ AもBも，網膜の広い範囲を照射して閾値を測定した。

⑦ Aは黄斑付近を細い光で照射し，Bは網膜の広い範囲を照射して閾値を測定した。

⑧ Aは網膜の広い範囲を照射し，Bは黄斑付近を細い光で照射して閾値を測定した。

⑨ AもBも，盲斑付近を細い光で照射して閾値を測定した。

問題文を読んで，**どこに注目，注意すればよいか**を確認しよう！

網膜上には2種類の視細胞があり，これらが興奮することによって視覚が生じる。明るい所から急に暗い所に入ると，最初は何も見えないが，徐々に見えるようになる。このときの光に対する視細胞の感度を調べると，**図**のグラフが得られた。**図**は，時刻0で明所から暗所に入ったときの暗所に入ってからの時間と網膜に存在するAとBの2種類の視細胞に興奮が生じる閾値を測定したものである。**図**に関する記述として最も適当なものを，下の①〜⑨のうちから**すべて**選べ。

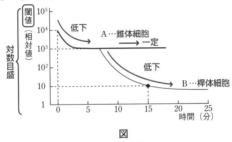

図

① 5分後には，視細胞の光に対する感度は，暗所に入る前と比べて約4分の1になった。

② 5分後には，視細胞の光に対する感度は，暗所に入る前と比べて約4倍になった。

③ 15分後には，視細胞の光に対する感度は，暗所に入る前と比べて約1000分の1になった。

④ 15分後には，視細胞の光に対する感度は，暗所に入る前と比べて約1000倍になった。

⑤ AもBも，黄斑付近を細い光で照射して閾値を測定した。

⑥ AもBも，網膜の広い範囲を照射して閾値を測定した。

⑦ Aは黄斑付近を細い光で照射し，Bは網膜の広い範囲を照射して閾値を測定した。

⑧ Aは網膜の広い範囲を照射し，Bは黄斑付近を細い光で照射して閾値を測定した。

⑨ AもBも，盲斑付近を細い光で照射して閾値を測定した。

目のつけどころ

☑ 図で，15分後には視細胞の感度が約1000倍以上になることに気づけたか。

　網膜には視細胞として，**桿体細胞**と**錐体細胞**が存在している。

桿体細胞：薄暗いところではたらく。弱い光でも吸収して**興奮**する。つまり，興奮する**閾値**が低く，感度が高い。**網膜**では周辺部に多く存在している。

錐体細胞：明るいところではたらく。興奮する閾値が高く，感度が低い。網膜では**黄斑**に集中して存在している。

　暗所に入ってからすぐに閾値が低下していく図の A は錐体細胞で，興奮するのに必要な光の強さ（閾値）が低下していく。しかし，5分以降は閾値が一定となり，それ以上感度は上昇しない。

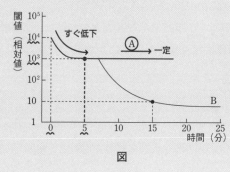

図

　一方，図の B は桿体細胞で，暗所に入ってから7分までは光に反応しないが，7分以降に閾値の低下が始まる。これは，明るい所にいたときに，桿体細胞では興奮に必要な視物質ロドプシンの多くが光で分解されており，**暗所に入って細胞内でのロドプシンの再合成に時間を要する**ためである。B の桿体細胞の閾値は15分後には10（相対値）まで低下し，感度が上昇している。

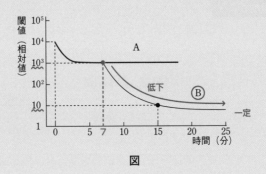

図

選択肢を検討する。

①，② 誤り。図から暗所に入った直後（0分）の閾値は約10^4，5分後には10^3であり，閾値は約$\frac{1}{10}$となり，感度は約10倍上昇している。

③ 誤り。④ 正しい。図から0分のときの閾値は10^4，暗所に入ってから15分後には閾値は10となっている。よって，暗所に入ってから15分後には閾値は$\frac{1}{1000}$となり，感度は1000倍となっている。

⑤，⑥，⑧，⑨ 誤り。⑦ 正しい。Aの錐体細胞は黄斑に集中して存在するので，黄斑付近を細い光で照射し，Bの桿体細胞は網膜の周辺部に多く存在するので，網膜の広い範囲を照射して閾値を測定する。

[解答] ④，⑦

第 **4** 章

形式の異なる
グラフを比較
する問題

27 細胞周期①（DNA量の変化）
（2008 創価大改）

動物の体細胞の増殖のしかたを調べるために次のような実験を行った。

〔実験1〕 盛んに分裂している組織の細胞を培養し，一定時間ごとに細胞数を数えた（表1）。

表1

培養時間 ［時間］	30	50	70	90
細胞数 ［個］	500	1000	2000	4000

〔実験2〕 実験1で培養した細胞を400個取り出して，各期の細胞数を調べた（表2）。

表2

分裂過程	間期	前期	中期	後期	終期
細胞数 ［個］	360	18	6	7	9

〔実験3〕 図1は，体細胞の細胞周期にともなう，核1個あたりのDNA量（相対値）の変化を示したものである。実験2で用いた400個の細胞について，核1個あたりのDNA量（相対値）と細胞数の関係を調べた（図2）。

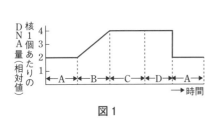

図1

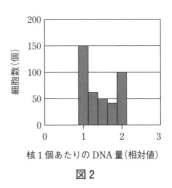

図2

問1 この細胞の1回の細胞周期に要する時間は何時間か。次の①〜⑤のうちから最も適当なものを1つ選べ。

① 7時間　　② 10時間　　③ 20時間　　④ 48時間

⑤ 65時間

問2 以上の実験結果から，この細胞の(1)M期，(2)G₂期，(3)S期の各時期に要する時間として最も適当なものを，次の①〜⑤のうちからそれぞれ一つずつ選べ。ただし，分裂組織における細胞周期各期の細胞数の割合は，各期の所要時間の長さに比例し，各期を細胞が通過する速度は等しいものとする。

① 1時間　　② 2時間　　③ 3時間　　④ 5時間

⑤ 7.5時間

問題文を読んで，**どこに注目，注意すればよいか**を確認しよう！

動物の体細胞の増殖のしかたを調べるために次のような実験を行った。

〔実験1〕 盛んに分裂している組織の細胞を培養し，一定時間ごとに細胞数を数えた（**表1**）。

表1

培養時間〔時間〕	30 →	50 →	70 →	90
細胞数〔個〕	500 →	1000 →	2000 →	4000

20時間で2倍！

〔実験2〕 実験1で培養した細胞を400個取り出して，各期の細胞数を調べた（**表2**）。

表2

分裂過程	間期	前期	中期	後期	終期
細胞数〔個〕	360	18	6	7	9

40個

〔実験3〕 **図1**は，体細胞の細胞周期にともなう，核1個あたりのDNA量（相対値）の変化を示したものである。実験2で用いた400個の細胞について，核1個あたりのDNA量（相対値）と細胞数の関係を調べた（**図2**）。

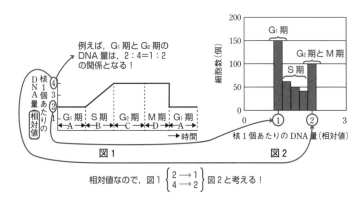

例えば，G₁期とG₂期のDNA量は，2：4＝1：2の関係となる！

相対値なので，図1 $\left\{ \begin{matrix} 2 \to 1 \\ 4 \to 2 \end{matrix} \right\}$ 図2と考える！

☑ 表1から，20時間で細胞数が2倍になっていることに気づけたか。

☑ 表2から，M期の細胞数の割合が10％であることに気づけたか。

☑ 図1と図2の，DNA量（相対値）の対応に気づけたか。

問1 表1から20時間で細胞数が2倍になっていることがわかる。盛んに分裂している組織では，**細胞周期の各期に細胞がランダムに存在しており，全体の細胞数が2倍になるまでにかかる時間が細胞周期の長さと等しい**と考える。その理由は，次の通りである。細胞数の測定を開始したときに，右下の図でM期の終わりにいる細胞△が最初に分裂する。また，図でG_1期の始めにいる細胞●が分裂するには，G_1期，S期，G_2期，M期を通過する必要があり，細胞周期の長さに必要な時間がかかる。細胞●が分裂するまでに，細胞●よりも先にいる細胞（G_1期，S期，G_2期，M期にいる細胞○）は細胞●よりも先に1回分裂する。つまり，細胞数を測定し始めてから，細胞周期の長さの時間が経過すると，全体の細胞数が2倍になることになる。

細胞数を測定
し始める

問2 「**分裂組織における細胞周期各期の細胞数の割合は，各期の所要時間の長さに比例し，各期を細胞が通過する速度は等しい**」ことを利用して各期の長さを求める。

(1) 表2から，M期（前期，中期，後期，終期）の細胞数は合計40個となる。よって，

$$20時間 \times \frac{40}{400} = 2 時間$$

となる。

(2)〜(3) 図1と図2を利用する。図1のDNA量は絶対値ではなく相対値である。相対値とは，**ある値を基準としたときにその何倍に相当するかを示した数値**であり，グラムなどの単位はない。次の例で考えて欲しい。

〔例〕

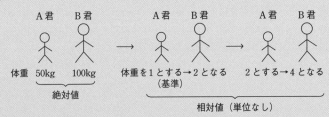

体重 50kg 100kg
└─ 絶対値 ─┘

体重を1とする→2となる（基準）

2とする→4となる

相対値（単位なし）

　図1より，G_1 期の DNA 量は 2，G_2 期と M 期の DNA 量は 4，S 期の DNA 量は 2〜4であるが，**G_1 期の DNA 量を1（基準）とすると，G_2 期と M 期の DNA 量は 2 となり**，S 期の DNA 量は 1〜2となる。**図2**から，G_2 期と M 期の合計の細胞数は100個であり，実験2からこのうち M 期の細胞数が40個なので，G_2 期の細胞数は，

　　$100-40=60$個

となる。よって，G_2 期の長さは，

$$20時間 \times \frac{60}{400} = 3 時間　　または，　2 時間 \times \frac{60}{40} = 3 時間$$

となる。

　また，**図2**から G_1 期の細胞数は150個なので，S 期の細胞数は，

　　$400-(150+100)=150$個

となる。よって，S 期の長さは，

$$20時間 \times \frac{150}{400} = 7.5時間　　または，　2 時間 \times \frac{150}{40} = 7.5時間$$

となる。

[解答]　**問1** ③　　**問2** (1) ②　　(2) ③　　(3) ⑤

28 細胞周期②（放射性チミジン）
（2019 中央大改）

A　ある真核生物の細胞をさかんに増殖する適切な条件で培養して，一定時間ごとに細胞数を測定した。**図1**は，1 mL の培養液に含まれる細胞数と培養時間の関係を片対数目盛りで示したものである。

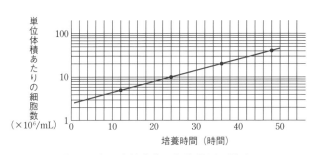

図1　ある真核生物の細胞集団の増殖

問1 この細胞の細胞周期は何時間か。**図1**から推定し，最も適当なものを，次の①〜⑤から選びなさい。

①　8時間　　②　12時間　　③　16時間　　④　20時間　　⑤　24時間

B　Aの細胞に，放射性の同位元素である ^{3}H で標識（置換）された ^{3}H- チミジン（核酸塩基のチミンを含む化合物）を与える実験を行った。この細胞の培養液に ^{3}H- チミジンを加えて短時間培養し，取り込まれなかった ^{3}H- チミジンを除去し（この時点を0時間とする），培養を続けると，^{3}H- チミジンで標識された M 期の細胞は2時間後に初めて見つかり，その後，M 期の細胞の中で標識された細胞の割合は増加し，3時間後に一定になり，5時間後に減少し始めた（**図2**）。なお，^{3}H- チミジンを加えて培養した時間は十分に短く，これ以外の時間には非放射性チミジンを加えて培養する。

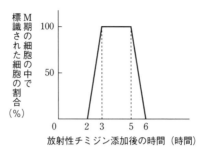

図2 放射性チミジンを添加後のM期の細胞の中
で標識された細胞の割合を示したグラフ

問2 この細胞の G_1 期，S 期，G_2 期，M 期がそれぞれ何時間か答えよ。た
だし，細胞周期各期の細胞数の割合は，各期の所要時間の長さに比例して
いるものとする。

解説編

問題文を読んで，**どこに注目，注意すればよいか**を確認しよう！

A　ある真核生物の細胞をさかんに増殖する適切な条件で培養して，一定時間ごとに細胞数を測定した。**図1**は，1 mLの培養液に含まれる細胞数と培養時間の関係を片対数目盛りで示したものである。

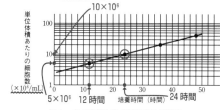

図1　ある真核生物の細胞集団の増殖

問1 この細胞の細胞周期は何時間か。**図1**から推定し，最も適当なものを，次の①〜⑤から選びなさい。

①　8時間　　②　12時間　　③　16時間　　④　20時間　　⑤　24時間

B　Aの細胞に，放射性の同位元素である ^3H で標識（置換）された ^3H-チミジン（核酸塩基のチミンを含む化合物）を与える実験を行った。この細胞の培養液に ^3H-チミジンを加えて短時間培養し，取り込まれなかった ^3H-チミジンを除去し（この時点を0時間とする），培養を続けると，^3H-チミジンで標識されたM期の細胞は2時間後に初めて見つかり，その後，M期の細胞の中で標識された細胞の割合は増加し，3時間後に一定になり，5時間後に減少し始めた（**図2**）。なお，^3H-チミジンを加えて培養した時間は十分に短く，これ以外の時間には非放射性チミジンを加えて培養する。

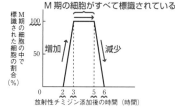

図2　放射性チミジンを添加後のM期の細胞の中で標識された細胞の割合を示したグラフ

問2 この細胞の G_1 期，S期，G_2 期，M期がそれぞれ何時間か答えよ。ただし，細胞周期各期の細胞数の割合は，各期の所要時間の長さに比例しているものとする。

問1 図1のグラフは，片方の軸（縦軸）が対数目盛りとなっている片対数グラフであることに注意しよう！　片対数グラフでは，**通常の目盛りのグラフよりも対数目盛の軸（縦軸）で広い範囲のデータを扱える利点**がある。図1では，**対数目盛の縦軸の目盛りは不均等で，数字が大きくなるほど目盛りの幅が小さくなる**ことに注意して読み取る。細胞周期を求めるには，細胞数が2倍となるのに必要な時間を求めればよい。例えば，図1で培養時間が12時間のときの細胞数は 5×10^6 となり，培養時間が24時間のときの細胞数は 10×10^6 となる。よって，細胞数は12（24−12）時間で2倍となっている。つまり，細胞周期の長さは，12時間となる。また，図1で培養時間が36時間のときの細胞数は 20×10^6 となり，やはり12時間で細胞数は24時間のときの細胞数の2倍となっている。

問2 まず，^{3}H-チミジンを短時間加えた（0時間）ときにS期にいる細胞がすべて標識される。2時間後にM期に初めて現れた標識された細胞は，次ページの図に示すように0時間のときにS期の最後にいた細胞（◉）なので，ちょうどG_2期を通過したことになり，G_2期は2時間となる。また，3時間後には，M期の標識された細胞の割合が100％になっていることから，M期は1（3−2）時間であることがわかる。5時間後には標識されたM期の細胞の割合が減少し始めるが，これは，0時間のときにS期の始めにいた細胞（⊗）が次ページの図に示すようにM期の始めに進んだためである。S期の終わりにいた細胞（◉）がM期に入ってからS期の始めの細胞（⊗）がM期に入るまでの時間がS期の長さなので，S期は3（5−2）時間であることがわかる。また，細胞周期の長さ全体からS期，G_2期，M期の長さを引くとG_1期の長さが求まるので，

　　$12 - (3 + 2 + 1) = 6$ 時間

となる。

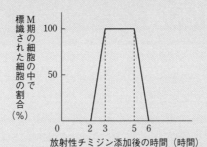

図2 放射性チミジンを添加後のM期の細胞の中で標識された細胞の割合を示したグラフ

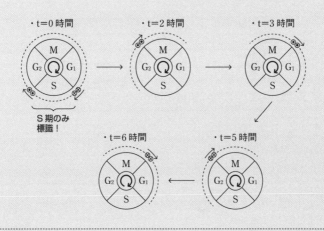

[解答] **問1** ②

　問2 G_1期：6時間　　S期：3時間　　G_2期：2時間　　M期：1時間

---

29 糖尿病
(2017 神戸学院大学大改, 2017 東京理科大)

　正常なマウスと，Ⅰ型糖尿病マウス，インスリン感受性の低下したⅡ型糖尿病マウスの合計3種類のマウスの腹部に，10％グルコース溶液を注射し，その後，30分ごとに採血し，血糖値を測定した。その結果を**図1⑦**に示す。また，同じマウスを使って，別の日に体重あたり同じ量のインスリンを腹部に注射し，同様に30分ごとに採血し，血糖値を測定した。その相対値を**図1⑦**に示す。グルコースやインスリンを注射した時間を0分とする。ただし，マウスの正常な血糖値や糖尿病は，ヒトと同様であるものとする。

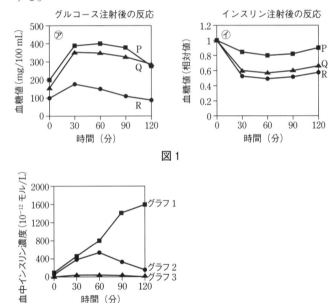

図1

図2

問1 図1の実験結果P，Q，Rは，それぞれどのマウスの結果であると考えられるか。最も適当なものを次の①～③からそれぞれ一つ選びなさい。
① 正常なマウス　　② Ⅰ型糖尿病マウス　　③ Ⅱ型糖尿病マウス

問2 同じ3種類のマウス（P，Q，R）の腹部に10％グルコース溶液を注射し，その後30分ごとに採血し，血中インスリン濃度を測定した結果を**図2**に示す。P，Q，Rのマウスの測定結果として最も適当なものを，次の①〜③からそれぞれ1つずつ選びなさい。

① グラフ1　　② グラフ2　　③ グラフ3

問題文を読んで，**どこに注目，注意すればよいか**を確認しよう！

正常なマウスと，Ⅰ型糖尿病マウス，インスリン感受性の低下したⅡ型糖尿病マウスの合計3種類のマウスの腹部に，10％グルコース溶液を注射し，その後，30分ごとに採血し，血糖値を測定した。その結果を**図1㋐**に示す。また，同じマウスを使って，別の日に体重あたり同じ量のインスリンを腹部に注射し，同様に30分ごとに採血し，血糖値を測定した。その相対値を**図1㋑**に示す。グルコースやインスリンを注射した時間を0分とする。ただし，マウスの正常な血糖値や糖尿病は，ヒトと同様であるものとする。

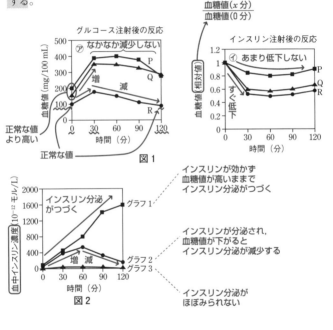

図1

図2

👁 目のつけどころ

✓ 図1で，どのマウスが正常，Ⅰ型糖尿病，Ⅱ型糖尿病であるか気づけたか。

図1や図2のグラフを読み取る前に，血糖値やⅠ型糖尿病，Ⅱ型糖尿病についての基本的な知識が必要となる。

血しょう中のグルコース濃度を血糖値（血糖濃度）といい，健康なヒトでは空腹時に約0.1（％）に維持されている。何らかの原因で血糖値の高い状態が続き，尿中に糖が排出されるようになる病気を**糖尿病**という。糖尿病の原因は多岐にわたるが，大別してⅠ型糖尿病とⅡ型糖尿病に分けられる。

Ⅰ型糖尿病：自己免疫によりB細胞が破壊され，**インスリンの分泌はほとんどない**ため，食後に血糖値が上昇してもなかなか血糖値が下がらない。

Ⅱ型糖尿病：Ⅰ型糖尿病以外の糖尿病。インスリン分泌量の減少や，標的細胞のインスリン感受性が低下することなどが原因となって起こる生活習慣病の一種である。

問1 図1⑦のグラフの縦軸の血糖値の単位は（mg/100 mL）である。まず，正常な血糖値である0.1（％）の単位を（mg/100 mL）に変換する。血しょうの密度はほぼ水と同じ1（g/mL）と考えると，

$$0.1（\%） \longrightarrow \begin{matrix}100（mL）≒100（g）\\の0.1\%\end{matrix} \longrightarrow 0.1（g/100mL）$$

$$\vdots \qquad\qquad \downarrow$$

$$0.1 \text{g のグルコースあり} \qquad \begin{matrix}1g＝1000（mg）より\\100（mg/100 mL）\\となる\end{matrix}$$

● 図1⑦のグラフ

R：時間0のとき，血糖値は正常値の100（mg/100 mL）であり，グルコース注射後に血糖値が上昇するが，すぐに低下し始めて120分後にはほぼ元に戻る。よって，Rは正常マウス（①）と考えられる。

P と Q：時間 0 のとき，血糖値は100よりもかなり高い。また，グルコース注射後に，血糖値は上昇したままで120分後にも元に戻らない。よって，P と Q は糖尿病マウスと考えられる。

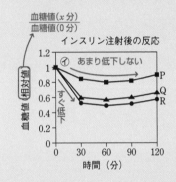

グルコース注射後の反応

- **図1⦿のグラフ**

縦軸の血糖値の単位は**図1⦿**の縦軸の血糖値とは異なり，相対値となっている。**相対値とは基準となる値に対して何倍かを示すもの**で，ここでは，インスリン注射後 0 時間の時点での血糖値を基準(1)とし，その後の血糖値の変化を相対値でみている。

P：インスリン注射後に時間がかなり経過しても血糖値が0.8付近までしか低下していない。つまり，P に対してインスリンがあまり効かない（インスリン感受性が低下）ことがわかる。よって，P はⅡ型糖尿病マウス（③）であると考えられる。

Q と R：インスリン注射後30分で血糖値（相対値）は0.5〜0.6付近まで低下している。つまり，インスリンが正常に作用していることがわかる。よって，**図1⦿**で Q の血糖値が上昇したまま低下しないのは，インスリンの分泌が少ないことが原因であると考えられる。よって，Q はⅠ型糖尿病マウス（②）と考えられる。

問2 3種類のマウス（P，Q，R）の腹部に10％グルコース溶液を注射し，その後の血糖値がどのように変化するかを考える。

P：**問1**からⅡ型糖尿病でインスリン感受性が低下しているので，グルコース注射後にインスリン分泌が起こってもインスリンが効かず，血糖値が低下しない。そのため，インスリン分泌が続くと考えられる。よって，グラフ1（①）を選ぶ。

Q：問1 からⅠ型糖尿病でインスリン分泌がほとんどないので，グルコース注射後にインスリン分泌はほとんど起こらない。よって，グラフ3（③）を選ぶ。

R：問1 から正常なマウスなので，グルコース注射後にインスリン分泌が起こり，血糖値が低下するとインスリン分泌も減少する。よって，グラフ2（②）を選ぶ。

[解答] 問1 P：③　　Q：②　　R：①　　問2 P：①　　Q：③　　R：②

次の**図**は，ある沼の2003〜2010年までのおもな魚種の漁獲量の変化を示している。タナゴ類とモツゴ類は成魚で体長10 cm 程度の比較的小さな魚で，フナの成魚はそれらより一回り大きい体長20〜30 cm 程度，コイの成魚はさらに大きく体長40〜80 cm 程度である。また，オオクチバスは肉食性である。そして，この沼の水温や水質は，この期間中ほぼ一定であり，この沼には漁獲された魚類以外は生息していないことが明らかになっている。

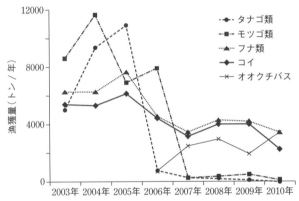

図 2003年から2010年までのおもな魚種の漁獲量の変化

問 図から読み取れることとして最も適切なものを，次の①〜⑧のうちから二つ選べ。

① オオクチバスは，小型の魚よりも中型や大型の魚を好んで捕食すると推測される。

② オオクチバスは，中型や大型の魚よりも小型の魚を好んで捕食すると推測される。

③ オオクチバスは，捕食する魚の大きさに好みはみられないと推測される。

④ この沼では，オオクチバスが増加すると漁獲量全体が少なくなっている。

⑤ この沼では，オオクチバスが増加しても漁獲量全体に変化はみられない。

⑥ この沼では，オオクチバスが増加すると漁獲量全体も増加している。

⑦ この沼では，オオクチバスの影響によりタナゴ類やモツゴ類は絶滅した。

⑧ この沼にオオクチバスが移入されたのは，2006年である。

解説編

問題文を読んで，**どこに注目，注意すればよいか**を確認しよう！

次の図は，ある沼の2003～2010年までのおもな魚種の漁獲量の変化を示している。タナゴ類とモツゴ類は成魚で体長10 cm程度の比較的小さな魚で，フナの成魚はそれらより一回り大きい体長20～30 cm程度，コイの成魚はさらに大きく体長40～80 cm程度である。また，オオクチバスは肉食性である。そして，この沼の水温や水質は，この期間中ほぼ一定であり，この沼には漁獲された魚類以外は生息していないことが明らかになっている。

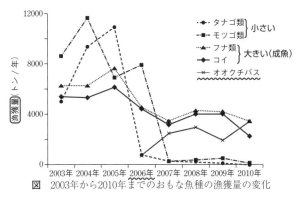

図　2003年から2010年までのおもな魚種の漁獲量の変化

問 図から読み取れることとして最も適切なものを，次の①～⑧のうちから二つ選べ。

オオクチ
バスが
おもに
何を食べて
いるか？

① オオクチバスは，小型の魚よりも中型や大型の魚を好んで捕食すると推測される。

② オオクチバスは，中型や大型の魚よりも小型の魚を好んで捕食すると推測される。

③ オオクチバスは，捕食する魚の大きさに好みはみられないと推測される。

漁獲量
の変化

④ この沼では，オオクチバスが増加すると漁獲量全体が少なくなっている。

⑤ この沼では，オオクチバスが増加しても漁獲量全体に変化はみられない。

⑥ この沼では，オオクチバスが増加すると漁獲量全体も増加している。

⑦ この沼では，オオクチバスの影響によりタナゴ類やモツゴ類は絶滅した。

⑧ この沼にオオクチバスが移入されたのは，2006年である。

　外来生物のオオクチバスが漁獲量に与える影響を**図**のグラフから読み取る力が要求されている。

　図からオオクチバスが漁獲されるようになるのは2006年以降なので，2006年以前と2006年以降の漁獲量の変化に着目して考えることがポイントになる。

　選択肢を検討する。

①，③　誤り。②　正しい。2006年前後で各魚種の漁獲量の変化を**図**で見ると，オオクチバスの増加に伴って他の４種はどれも減少しているが，成魚が大きいフナとコイの漁獲量は少し減少したのちにほぼ一定となっている。これは，フナとコイは小さな幼魚のうちはオオクチバスに捕食されるが，大きく成長すると捕食されないようになると考えられる。しかし，成魚となっても小さいタナゴ類やモツゴ類は，オオクチバスによる捕食が続くため，漁獲量が激減していると考えられる。つまり，オオクチバスは，小型魚をおもに捕食していると考えられる。

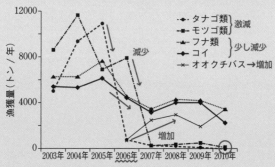

図　2003年から2010年までのおもな魚種の漁獲量の変化

④　正しい。⑤，⑥　誤り。2006年前後の漁獲量を比較すると，明らかに2006年以降の漁獲量は減少していることがわかる。よって，④が正解となる。

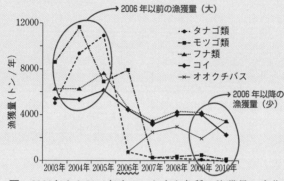

図　2003年から2010年までのおもな魚種の漁獲量の変化

⑦　誤り。2010年には，モツゴ類とタナゴ類の漁獲量がほとんど0となっているが，漁獲されていないからといって絶滅したとは限らない。モツゴ類とタナゴ類の個体数がかなり減少し，ほとんど漁獲されなくなった可能性がある。

⑧　誤り。図からオオクチバスの漁獲が記録されるのは2006年からである。オオクチバスが漁獲されるには，少数のオオクチバスが移入されてからある程度増える必要があり，それまで一定期間を要すると考えられる。つまり，移入直後の少数のオオクチバスはほとんど漁獲されず，オオクチバスがこの沼に移入されたのは2006年以前であると考えられる。

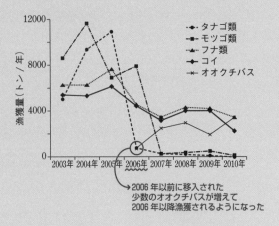

図 2003年から2010年までのおもな魚種の漁獲量の変化

外来生物

　人間活動によって，本来の生息場所から別の場所へ移されて，そこで定着した生物。外来種は移入先で生物の多様性に大きな影響を与える可能性がある。特に生態系や人体，農林水産業などに大きな影響を与える，またはその可能性のあるものを**特定外来生物**に指定している。また，在来種であっても人為的に国内の自然分布域外へ移動させると外来生物となることがあり，このような外来生物を**国内外来生物**という。

goal!

55__
54__
53__
52__
51__
50__
49__
48__
47__
46__
45__
44__
43__
42__
41__
40__
39__
38__
37__
36__
35__
34__
33__
32__
31__
30__
29__
28__
27__
26__
25__
24__
23__
22__
21__
20__
19__
18__
17__
16__
15__
14__
13__
12__
11__
10__
9__
8__
7__
6__
5__
4__
3__
2__
1__

31 吸収スペクトル

（2019 大阪市立大学改）

　一般的に緑藻類は波打ち際など海の浅い場所に，紅藻類は緑藻類より深い場所に生息している。生息水深の違いは，緑藻類と紅藻類の持つ光合成色素と関連があると考えられている。緑藻類の主要な光合成色素は，クロロフィル a とクロロフィル b，紅藻類はクロロフィル a とフィコビリンである。これらの光合成色素の吸収スペクトルを**図1**に示す。沿岸域の水中には太陽光が全て届くわけではなく，水による光の吸収に加え，植物プランクトンによる光の吸収や散乱により光が減衰する。ただし，減衰の度合は光の波長によって異なる。**図2**に沿岸域の水中における光の波長と減衰との関係を示す。**図1**と**図2**に関する記述として最も適当なものを，下の①〜⑥のうちからすべて選べ。

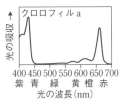 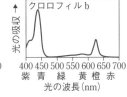 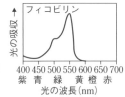

図1　光合成色素の吸収スペクトル

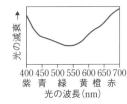

図2　光の波長と減衰との関係

① 緑藻類はおもに緑色光を光合成に利用していることがわかる。

② 紅藻類はおもに青色光と赤色光を光合成に利用していることがわかる。

③ 緑藻類が浅い場所に多いのは，深い場所に届く青色光と赤色光が少ないためである。

④ 緑藻類が浅い場所に多いのは，浅い場所に届く緑色光が多いためであ

る。

⑤　紅藻類が深い場所に多いのは，深い場所に届く緑色光を利用できるためである。

⑥　紅藻類が深い場所に多いのは，青色光と赤色光をあまり吸収できないためである。

解説編

問題文を読んで，どこに注目，注意すればよいかを確認しよう！

　一般的に緑藻類は波打ち際など海の浅い場所に，紅藻類は緑藻類より深い場所に生息している。生息水深の違いは，緑藻類と紅藻類の持つ光合成色素と関連があると考えられている。緑藻類の主要な光合成色素は，クロロフィルaとクロロフィルb，紅藻類はクロロフィルaとフィコビリンである。これらの光合成色素の吸収スペクトルを図1に示す。沿岸域の水中には太陽光が全て届くわけではなく，水による光の吸収に加え，植物プランクトンによる光の吸収や散乱により光が減衰する。ただし，減衰の度合は光の波長によって異なる。図2に沿岸域の水中における光の波長と減衰との関係を示す。図1と図2に関する記述として最も適当なものを，下の①〜⑥のうちからすべて選べ。

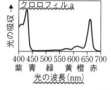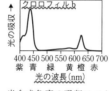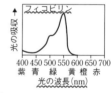

図1　光合成色素の吸収スペクトル

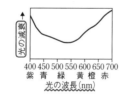

図2　光の波長と減衰との関係

✓ 図1から，緑藻類はおもに青色光と赤色光を，紅藻類は青色光と赤色光だけでなく，フィコビリンにより緑色光を吸収することに気づけたか。

図1から緑藻類と紅藻類がよく吸収する光の波長を考える。

緑藻類：**クロロフィルa**と**クロロフィルb**をもつ。図1からおもに青色光と赤色光を吸収することがわかる。

紅藻類：クロロフィルaとフィコビリンをもつ。図1からクロロフィルaにより青色光，赤色光，フィコビリンにより緑色光を吸収することがわかる。

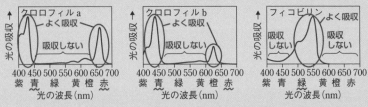

図1 光合成色素の吸収スペクトル

図2の読み取りは注意が必要である。縦軸は「光の減衰」であり，縦軸の値が大きいほど光の減衰が大きい。つまり，**水中では光が届きにくい**ということになる。図2から水中では，青色光と赤色光の減衰が大きく，緑色光の減衰は小さいことが

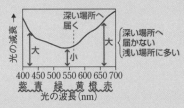

図2 光の波長と減衰との関係

わかる。つまり，**深い場所には青色光と赤色光はあまり届かないが，緑色光は比較的よく届く**ことがわかる。

選択肢を検討する。

①，②　誤り。図1から緑藻類はおもに青色光と赤色光を吸収し，紅藻類はおもに青色光，緑色光，赤色光を吸収することがわかる。

③　正しい。④　誤り。緑藻類がおもに吸収するのは青色光と赤色光であり，これらの波長の光は深い場所には届きにくいので，緑藻類は浅い場所

に多いと考えられる。浅い場所に水中での減衰が小さい緑色光は多いと考えられるが，緑藻類がもつクロロフィルaとクロロフィルbは緑色光をあまり吸収しないので④は誤りである。

⑤　正しい。⑥　誤り。紅藻類が深い場所に多いのは，青色光と赤色光をめぐる緑藻類との競争を避けて深い場所に移動しても，深い場所によく届く緑色光を利用できるためと考えられる。よって⑤は正しい。また，紅藻類は青色光と赤色光も吸収するので⑥は誤りである。

[解答]　③，⑤

図1は，植物Aと植物Bを異なる明暗周期で育てたときの花芽を形成する割合（花成率）を表したグラフである。

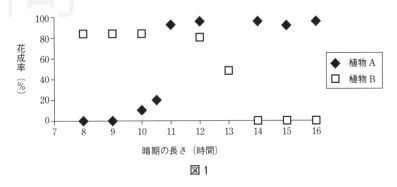

図1

⑴ 植物Bは，次の①〜③のうちどれか，答えよ。

① 短日植物　　② 長日植物　　③ 中性植物

⑵ 図2に表した明暗周期の条件1〜3で植物Aと植物Bを育てたときの結果はどうなるか，次の①，②のうちからそれぞれ一つ選べ。

① 花芽が形成される　　② 花芽が形成されない

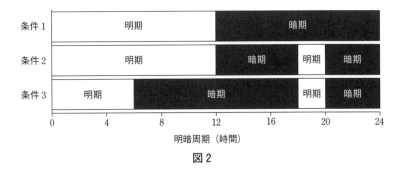

図2

解説編

問題文を読んで，**どこに注目，注意すればよいか**を確認しよう！

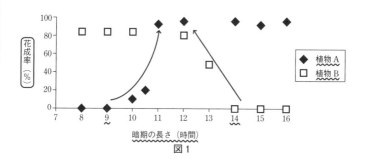

図1は，植物 A と植物 B を異なる明暗周期で育てたときの花芽を形成する割合（花成率）を表したグラフである。

図1

[1] 植物 B は，次の①～③のうちどれか，答えよ。

① 短日植物　　② 長日植物　　③ 中性植物

[2] 図2に表した明暗周期の条件1～3で植物 A と植物 B を育てたときの結果はどうなるか，次の①，②のうちからそれぞれ一つ選べ。

① 花芽が形成される　　② 花芽が形成されない

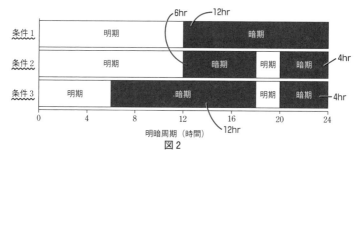

図2

✓ 図1で，植物Aは暗期の長さが9時間より長くなると花芽形成することに気づけたか。

植物は花芽形成のしくみから次の3つのタイプに分けられる。
長日植物：連続暗期の長さ（夜の長さ）が一定以下になると花芽形成を行う。つまり，日長が一定以上になると花芽形成を行う。
短日植物：連続暗期の長さ（夜の長さ）が一定以上になると花芽形成を行う。つまり，日長が一定以下になると花芽形成を行う。
中性植物：連続暗期の長さ（夜の長さ）によらず花芽形成を行う。

[1] 図1から植物Aと植物Bについて検討する。
● 植物Aについて
暗期の長さが9時間より長くなると花成率が高くなるので，植物Aは短日植物である。
● 植物Bについて
暗期の長さが14時間より短くなると花成率が高くなるので，植物Bは長日植物である。
よって，正解は②となる。

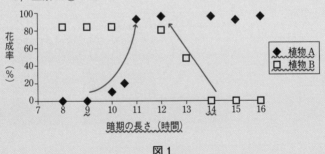

図1

[2] 明暗周期の条件1～3で植物Aと植物Bについてそれぞれ検討する。
植物Aは連続暗期の長さが9時間より長くなると，植物Bは連続暗期の長さが14時間より短くなると花芽が形成されることに注意する。

● 条件1

連続暗期の長さは12時間なので植物Aと植物Bではともに花芽が形成される。

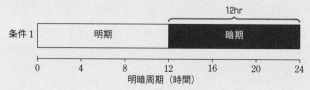

● 条件2

連続暗期の長さは，6時間と4時間で，植物Aでは花芽は形成されないが，植物Bでは花芽が形成される。

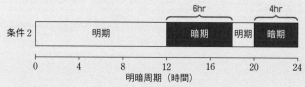

● 条件3

連続暗期の長さは，12時間と4時間で，9時間よりも長い連続暗期があるので植物Aでは花芽が形成され，連続暗期の長さが14時間よりも短いので植物Bでも花芽が形成される。

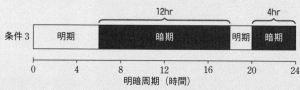

[解答] **1** ②

2 A　条件1：①　　条件2：②　　条件3：①

B　条件1：①　　条件2：①　　条件3：①

----

33 膜電位
(2018 大阪医科大改)

　無脊椎動物のヤリイカは直径が最大１mmにもなる非常に太い神経繊維（巨大神経軸索）を持つ。**表**は，通常の巨大神経軸索内外におけるナトリウムイオン（Na^+）とカリウムイオン（K^+）の濃度を示す。**図1**は細胞外のNa^+濃度を440 mmol/L，220 mmol/L，147 mmol/L に変化させたときの活動電位を示す。**図2**は細胞外のK^+濃度を変化させたときの静止電位の変化を表している。

表

	軸索細胞内 （mmol/L）	軸索細胞外 （mmol/L）
Na^+	50	440
K^+	440	20

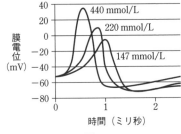

図 1

Hodgkin & Katz 1949より改変

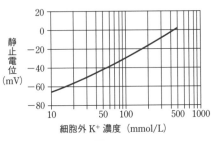

図 2

Hodgkin & Keynes 1955より改変

問1 **図1**に関する記述として最も適当なものを，次の①〜⑥のうちから二つ選べ。

① 細胞外のNa^+濃度を減少させると，静止電位が上昇する。

② 細胞外のNa^+濃度を減少させると，静止電位が低下する。

③ 細胞外のNa^+濃度を減少させても，静止電位は変化しない。

④ 細胞外のNa^+濃度を減少させると，活動電位が上昇する。

⑤ 細胞外のNa^+濃度を減少させると，活動電位が低下する。

⑥ 細胞外のNa^+濃度を減少させても，活動電位は変化しない。

問2 図 2 に関する記述として最も適当なものを，次の①〜⑥のうちから二つ選べ。

① 細胞外の K^+ 濃度を増加させると，静止電位が上昇する。

② 細胞外の K^+ 濃度を増加させると，静止電位が低下する。

③ 細胞外の K^+ 濃度を増加させても，静止電位は変化しない。

④ 細胞外の K^+ 濃度を440(mmol/L) にすると，K^+ の濃度勾配が Na^+ の濃度勾配と等しくなるため，静止電位が 0 となる。

⑤ 細胞外の K^+ 濃度を440(mmol/L) にすると，Na^+ の濃度勾配がなくなるため，静止電位が 0 となる。

⑥ 細胞外の K^+ 濃度を440(mmol/L) にすると，K^+ の濃度勾配がなくなるため，静止電位が 0 となる。

問題文を読んで，どこに注目，注意すればよいかを確認しよう！

　無脊椎動物のヤリイカは直径が最大1mmにもなる非常に太い神経繊維（巨大神経軸索）を持つ。表は，通常の巨大神経軸索内外におけるナトリウムイオン（Na^+）とカリウムイオン（K^+）の濃度を示す。図1は細胞外のNa^+濃度を440 mmol/L，220 mmol/L，147 mmol/L に変化させたときの活動電位を示す。図2は細胞外のK^+濃度を変化させたときの静止電位の変化を表している。

表

	軸索細胞内 (mmol/L)	軸索細胞外 (mmol/L)
Na^+	50	440
K^+	440	20

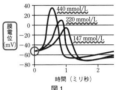

図1
Hodgkin & Katz 1949より改変

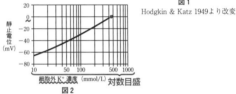

図2
Hodgkin & Keynes 1955より改変

問1 図1に関する記述として最も適当なものを，次の①〜⑥のうちから二つ選べ。
① 細胞外のNa^+濃度を減少させると，静止電位が上昇する。
② 細胞外のNa^+濃度を減少させると，静止電位が低下する。
③ 細胞外のNa^+濃度を減少させても，静止電位は変化しない。
④ 細胞外のNa^+濃度を減少させると，活動電位が上昇する。
⑤ 細胞外のNa^+濃度を減少させると，活動電位が低下する。
⑥ 細胞外のNa^+濃度を減少させても，活動電位は変化しない。

問2 図2に関する記述として最も適当なものを，次の①〜⑥のうちから二つ選べ。
① 細胞外のK^+濃度を増加させると，静止電位が上昇する。
② 細胞外のK^+濃度を増加させると，静止電位が低下する。
③ 細胞外のK^+濃度を増加させても，静止電位は変化しない。
④ 細胞外のK^+濃度を440(mmol/L)にすると，K^+の濃度勾配がNa^+の濃度勾配と等しくなるため，静止電位が0となる。
⑤ 細胞外のK^+濃度を440(mmol/L)にすると，Na^+の濃度勾配がなくなるため，静止電位が0となる。
⑥ 細胞外のK^+濃度を440(mmol/L)にすると，K^+の濃度勾配がなくなるため，静止電位が0となる。

目のつけどころ

✓図2で，K^+ の濃度勾配がなくなると静止電位が 0 になることに気づけたか。

　神経細胞では細胞膜上の**ナトリウムポンプ**のはたらきで**表**に示すように細胞膜を介して Na^+ と K^+ の濃度勾配が生じている。細胞膜上には常時開いているカリウムチャネルが存在し，次の図に示すように，この K^+ の濃度勾配に従って K^+ がカリウムチャネルを通って細胞内から細胞外へ移動すると，細胞外が正，細胞内が負の電荷をもち**静止電位**が発生する。

表

	軸索細胞内 (mmol/L)	軸索細胞内 (mmol/L)
Na^+	50	<u>440</u>
K^+	<u>440</u>	20

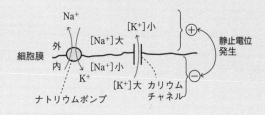

　また，神経細胞に閾値以上の刺激が加わるとナトリウムチャネルが開き，Na^+ の濃度勾配に従って Na^+ が細胞外から細胞内へ流入することで，細胞内が正，細胞外が負となり，**活動電位**が発生する（興奮）。

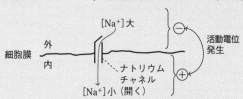

問1 ①，②　誤り。③　正しい。**図1**をみると細胞外の Na^+ 濃度を変化させても，刺激を加えていないときの静止電位は約 -50 mV で変化していない。つまり，細胞外の Na^+ 濃度は静止電位発生には影響しないこと

がわかる。

④，⑥　誤り。⑤　正しい。活動
電位とは，静止電位から大きく膜
電位が上昇して変化することで
ある。**図1**から細胞外の Na^+ 濃
度を減少させると，膜電位の変化
（活動電位）が低下することがわ
かる。

　以上より，⑤が正解となる。

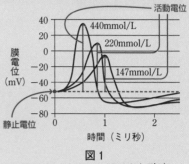

図1

Hodgkin & Katz 1949 より改変

問2　**図2**は横軸が対数目盛の片対数グラフとなっており，読み取りに注
意する。**図2**から細胞外の K^+ 濃度を増加させると，静止電位が上昇し，
0に近づくことがわかる。よって，①が正解となる。また，**図2**から細
胞外の K^+ 濃度を440（mmol/L）にすると，静止電位が0となっているこ
とがわかる。静止電位とは，K^+ の濃度勾配に従って K^+ が細胞膜のカリ
ウムチャネルを通って細胞内から細胞外へ移動することで，細胞外が正，
細胞内が負となる膜電位のことである。細胞外の K^+ 濃度を細胞内と等し
い440（mmol/L）にすると，K^+ の濃度勾配がなくなり，K^+ が細胞膜のカ
リウムチャネルを通って細胞内から細胞外へ移動しないため，静止電位が
発生しなくなると考えられる。よって，正解は⑥となる。

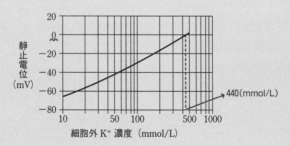

図2

Hodgkin & Keynes 1955 より改変

［解答］　**問1** ③，⑤　　**問2** ①，⑥

---

34 音の高低の識別

（2016 自治医科大）

　ヒトの耳には，空気の振動である音波を受容する聴覚器がある。音波は耳殻で集められ，外耳道を通って鼓膜を振動させ，耳小骨を経てうずまき管に伝えられる。この振動がうずまき管の内部のリンパ液を伝わって基底膜を振動させると，その上にあるコルチ器の聴細胞に振動に応じた興奮が生じ，これが聴神経によって大脳に伝えられると聴覚が生じ，「音」が聞こえる。

　基底膜はうずまき細管のコルチ器の底部にあり，**図1**に示すように，耳小骨側から奥（頂部）に向かって幅が変化している。耳小骨が接する卵円窓から13，17，20，24，28，31 mm の6ヵ所において，基底膜の振動数（周波数）と振幅の大きさの関係を調べたところ，**図2**の結果が得られた。なお，ヘルツ［Hz］は1秒あたりの振動数を表し，この数が大きいほど高音となる。

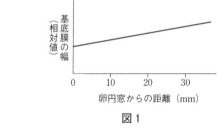

図1

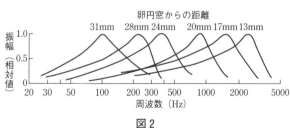

図2

問 図1・図2の結果について述べた文として適当なものを，次の①〜⑥のうちから二つ選べ。ただし，解答の順序は問わない。

① 基底膜の幅が広いほど，高音によってよく振動する。

② 卵円窓に近いほど，高音によってよく振動する。

③　500 Hz の高さの音に対して，6ヵ所のうち，3ヵ所が振動する。

④　卵円窓から28 mm の部位は，200〜250 Hz の音に最もよく反応して振動する。

⑤　うずまき管の根元から頂部に向かうほど，基底膜の幅は狭くなる。

⑥　うずまき管の頂部に近い部分は高音に，根元に近い部分は低音に反応する。

解説編

問題文を読んで，**どこに注目，注意すればよいか**を確認しよう！

ヒトの耳には，空気の振動である音波を受容する聴覚器がある。音波は耳殻で集められ，外耳道を通って鼓膜を振動させ，耳小骨を経てうずまき管に伝えられる。この振動がうずまき管の内部のリンパ液を伝わって基底膜を振動させると，その上にあるコルチ器の聴細胞に振動に応じた興奮が生じ，これが聴神経によって大脳に伝えられると聴覚が生じ，「音」が聞こえる。

基底膜はうずまき細管のコルチ器の底部にあり，**図1**に示すように，耳小骨側から奥（頂部）に向かって幅が変化している。耳小骨が接する卵円窓から13，17，20，24，28，31 mmの6ヵ所において，基底膜の振動数（周波数）と振幅の大きさの関係を調べたところ，**図2**の結果が得られた。なお，ヘルツ [Hz] は1秒あたりの振動数を表し，この数が大きいほど高音となる。

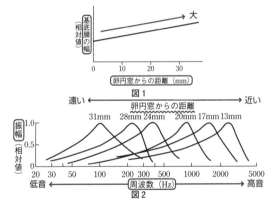

図1

図2

問 図1・図2の結果について述べた文として適当なものを，次の①～⑥のうちから二つ選べ。ただし，解答の順序は問わない。

① 基底膜の幅が広いほど，高音によってよく振動する。

② 卵円窓に近いほど，高音によってよく振動する。

③ 500 Hzの高さの音に対して，6ヵ所のうち，3ヵ所が振動する。

④ 卵円窓から28 mmの部位は，200～250 Hzの音に最もよく反応して振動する。

⑤ うずまき管の根元から頂部に向かうほど，基底膜の幅は狭くなる。

⑥ うずまき管の頂部に近い部分は高音に，根元に近い部分は低音に反応する。

　ヒトの耳の断面図は次のようになる。音波(空気の振動)は,**鼓膜**,**耳小骨**を順に振動させ,**内耳のうずまき管**の卵円窓を振動させ,振動がうずまき管内のリンパ液に伝わる。リンパ液の振動により,うずまき細管の基底膜が振動する。基底膜上には,**コルチ器**が存在し,基底膜が振動すると,**聴細胞**が興奮する。

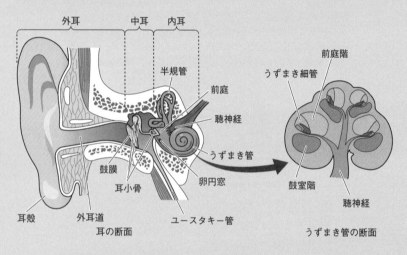

うずまき管を伸ばすと次のようになる。

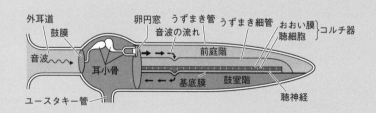

図1から，基底膜の幅は卵円窓から離れるほど大きくなっている。つまり，うずまき管の入り口から先端にかけて**基底膜の幅が広くなっている**ことがわかる。

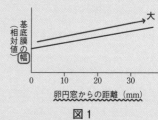

図1

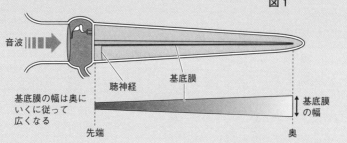

図2から，卵円窓に近い位置の基底膜ほど高周波数でよく振動することがわかる。つまり，うずまき管の**入り口付近の基底膜は高音でよく振動し**，うずまき管の**先端の基底膜は低音でよく振動する**ことがわかる。

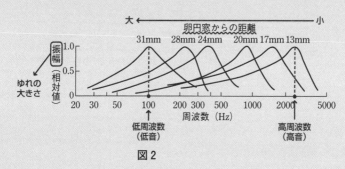

図2

選択肢を検討する。

① 誤り。② 正しい。高周波数の高音で振動するのは卵円窓に近い，うずまき管の入り口付近の基底膜であり，その幅はせまい。

③ 誤り。**図2**から500 Hz の高さの音に対して，6か所のうち，卵円窓からの距離が13 mm，17 mm，20 mm，24 mm の4か所が振動する。

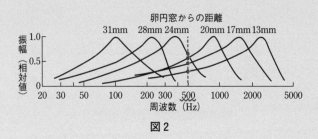

図2

④ 正しい。**図2**から卵円窓から28 mm の部位は，200～250 Hz の音に最もよく反応して振動する。

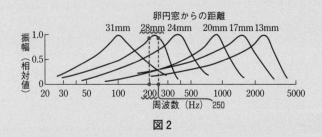

図2

⑤ 誤り。**図2**からうずまき管の根元（入り口）から頂部（先端）に向かうほど，基底膜の幅は広くなる。

⑥ 誤り。うずまき管の頂部に近い部分は低音に，根元に近い部分は高音に反応する。

　以上より，正解は②，④となる。

[解答] ②，④

第 5 章

グラフの
意味を考える
問題

35 心臓(左心室内圧と左心室容積のグラフ)
（2017 名古屋学芸大改）

心臓は，心房と心室が交互に収縮することで，血液を全身に送り出すポンプの役割を果たしている。**図1**は心臓の構造の模式図である。**図2**は，心臓が1回拍動したときの，左心室における内圧と容積との関係を示している。このとき，血液は房室弁を通って左心室に入り，大動脈弁を通って左心室から出ていく。

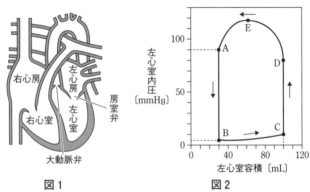

図1　　　　　図2

問1 **図2**のAからBへ変化する過程では，房室弁と大動脈弁はそれぞれどのような状態にあるか。最も適当なものを，下記の①〜④から選びなさい。
① 房室弁も大動脈弁も閉じている。
② 房室弁も大動脈弁も開いている。
③ 房室弁は閉じており，大動脈弁は開いている。
④ 房室弁は開いており，大動脈弁は閉じている。

問2 次の(1)，(2)は，**図2**のA〜Eのどの時点を説明したものか。最も適当なものを，下記の①〜⑤から選びなさい。ただし，同じものを繰り返し選んでもよい。
(1) 開いていた大動脈弁が閉じる。　　(2) 開いていた房室弁が閉じる。
① A　② B　③ C　④ D　⑤ E

問3 **図2**のように拍動する心臓において，1分間の心拍数が60回であると
すると，1分間に左心室から送り出される血液の量は何 mL か。最も適当
なものを，下記の①〜⑤から選びなさい。

① 420 mL ② 720 mL ③ 1800 mL ④ 4200 mL
⑤ 7200 mL

問題文を読んで、**どこに注目、注意すればよいか**を確認しよう！

心臓は、心房と心室が交互に収縮することで、血液を全身に送り出すポンプの役割を果たしている。**図1**は心臓の構造の模式図である。**図2**は、心臓が1回拍動したときの、左心室における内圧と容積との関係を示している。このとき、血液は房室弁を通って左心室に入り、大動脈弁を通って左心室から出ていく。

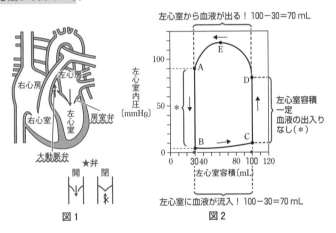

図1　　　　　　　　　　　　図2

👀 目のつけどころ

✓ 図2から,B→Cで房室弁が開いて左心室に血液が流入することに気づけたか。

✓ 図2から,D→Aで大動脈弁が開いて左心室から血液が流出することに気づけたか。

問1, 問2 まず,弁について確認しよう。弁は,**血液が一方向に流れるように血液の逆流を防ぐはたらき**をもつ。

● 房室弁

　左心室内圧が左心房内圧よりも小さいときに開き,左心室に血液が流入する。左心室内圧が左心房内圧よりも大きいときは閉じる(逆流を防ぐ)。

● 大動脈弁

　左心室内圧が大動脈内圧よりも大きいときに開き,左心室から血液が流出する。左心室内圧が大動脈内圧よりも小さいときは閉じる(逆流を防ぐ)。

　図2のグラフから,**左心室への血液の出入りが読み取れたか**が正解へのポイントとなる。**グラフの読み取りでは必ず縦軸と横軸を確認することから始めよう！**　縦軸は左心室内圧であり,左心室の心筋が収縮すると内圧が上昇し,弛緩(しかん)すると低下する。横軸は左心室容積であり,左心室に血液が流入すると大きくなり,血液が流出すると小さくなる。A～Eのどこからグラフを読んでも構わないが,4段階に分けてCからグラフを順に読んでみる。

● C→D

　注目すべきは,左心室容積(横軸の値)が一定(100 mL)となっていることである。つまり,左心室に血液の出入りがないことがわかる。よって,大動脈弁も房室弁も閉じていることになる。詳しく説明すると,弛緩していた左心室の心筋が収縮を始めて,左心室内圧が上昇し,左心房内圧よりも高くなって房室弁が閉じる(C)が,左心室内圧はまだ大動脈内圧よりも低いため大動脈弁は開かない。よって,問2(2)の正解は③となる。

● D→A

　注目すべきは,左心室容積(横軸の値)が100 mL→30 mLへと減少し

ていることである。つまり，左心室から血液が流出していることがわかる。よって，大動脈弁が開き，房室弁は閉じていることになる。詳しく説明すると，左心室の心筋の収縮で左心室内圧が上昇し，大動脈内圧よりも高くなって大動脈弁が開く（D）が，左心室内圧は左心房内圧よりも高いため房室弁は開かない。

● A → B

注目すべきは，左心室容積（横軸の値）が一定（30 mL）となっていることである。つまり，左心室に血液の出入りがないことがわかる。よって，大動脈弁も房室弁も閉じていることになる。詳しく説明すると，収縮していた左心室の心筋が弛緩を始めて，左心室内圧が低下し，大動脈内圧よりも低くなって大動脈弁が閉じる（A）が，左心室内圧はまだ左心房内圧よりも高いため房室弁は開かない。よって，**問1** の正解は①となり，**問2** (1)の正解は①となる。

● B → C

注目すべきは，左心室容積（横軸の値）が30 mL →100 mL へと増加していることである。つまり，左心室へ血液が流入していることがわかる。よって，房室弁が開き，大動脈弁は閉じていることになる。詳しく説明すると，左心室の心筋の弛緩で左心室内圧が低下し，左心房内圧よりも低くなって房室弁が開く（B）が，左心室内圧は大動脈内圧よりも低いため大動脈弁は開かない。

問3 図2のD → Aで，左心室容積（横軸の値）が100 mL →30 mL へと減少している。つまり，1回の拍動で左心室から

$$100 - 30 = 70 \text{ mL}$$

の血液が出ていくことがわかる。よって，

$$70 \times 60 = 4200 \text{ mL}$$

となり，正解は④となる。

[解答] **問1** ①　　**問2** (1)　①　(2)　③　　**問3** ④

---

36 腎臓①
（2004 東京慈恵会医科大改）

　ある哺乳類の静脈に多糖類の一種であるイヌリンを注射し，一定時間後に図1の①〜⑤の各部から，血しょう，原尿，尿を採取して，その中に含まれているイヌリンおよび4種類の物質a〜dの濃度を測定した。図2は，イヌリンと物質a〜dの濃度の測定結果を示したものである。なお，イヌリンは正常な血液中には全く含まれていないが，これを静脈に注射すると，腎臓でろ過された後，毛細血管には全く再吸収されずに排出される。

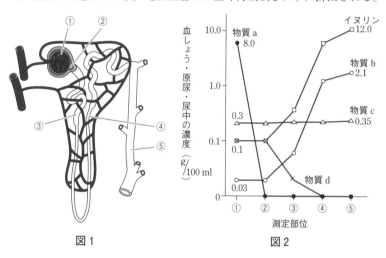

図1　　　　　　　　　　　　　図2

問 図1と図2を参考にして，イヌリンと物質a〜dに関する記述として最も適当なものを，次の①〜⑥のうち一つ選べ。

① 物質aは，濃度が0まで低下するので最も再吸収されている。
② 物質bは，一旦ろ過されるが，再吸収されるので尿中に出ない。
③ 物質cは，濃度がほぼ一定なので，再吸収されない。
④ 物質dは，細尿管で分解される。
⑤ 最も濃縮率が大きいのは，物質bである。
⑥ 物質cは物質bより，濃縮率が低い。

問題文を読んで，どこに注目，注意すればよいかを確認しよう！

　　ある哺乳類の静脈に多糖類の一種であるイヌリンを注射し，一定時間後に**図1**の①〜⑤の各部から，血しょう，原尿，尿を採取して，その中に含まれているイヌリンおよび4種類の物質a〜dの濃度を測定した。**図2**は，イヌリンと物質a〜dの濃度の測定結果を示したものである。なお，イヌリンは正常な血液中には全く含まれていないが，これを静脈に注射すると，腎臓でろ過された後，毛細血管には全く再吸収されずに排出される。

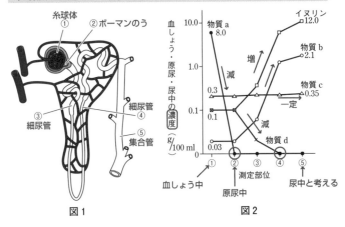

図1　　　　　　　　　　　　　図2

問　図1と図2を参考にして，イヌリンと物質a〜dに関する記述として最も適当なものを，次の①〜⑥のうち一つ選べ。

① 物質aは，濃度が0まで低下するので最も再吸収されている。
② 物質bは，一旦ろ過されるが，再吸収されるので尿中に出ない。
③ 物質cは，濃度がほぼ一定なので，再吸収されない。
④ 物質dは，細尿管で分解される。
⑤ 最も濃縮率が大きいのは，物質bである。
⑥ 物質cは物質bより，濃縮率が低い。

😎 目のつけどころ

✓ 図2で，濃縮率が大きいほど，再吸収率が低いことに気づけたか。

問 図1の**糸球体**（①）から**ボーマンのう**（②）へ血しょうの一部がろ過されて**原尿**となる。原尿が**細尿管**（③，④）や**集合管**（⑤）を通る間に水分やグルコース，アミノ酸や無機塩類などが再吸収され**尿**となる。どのくらい再吸収されるかは物質により異なる。まず，イヌリンについて考えてみよう。イヌリンは，腎臓でろ過された後，**毛細血管には再吸収されずに排出される**ので，

> <u>一定時間に生成した原尿中のイヌリンの量</u>
> ＝一定時間に生成した尿中のイヌリンの量

という関係が成り立つ。模式的に示すと次のようになる。

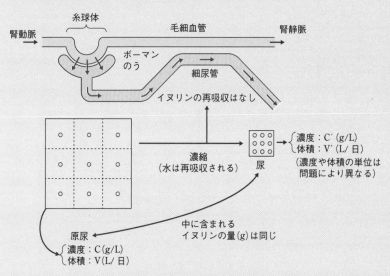

第5章　グラフの意味を考える問題　183

濃縮率とは，$\dfrac{尿中濃度}{血しょう中濃度}$ のことで，ある物質について**血しょう中に比べて尿中で何倍濃くなったか**を示す。前ページのイヌリンの式では $\dfrac{C'}{C}$ となる。

図2から，イヌリンの血しょう（原尿）中濃度は0.1(g/100 mL)，尿中濃度は12.0(g/100 mL) なので，濃縮率は，$\dfrac{12.0}{0.1}=120$ となり，イヌリン濃度は血しょう中に比べて尿中では120倍濃くなっている（濃縮されている）ことがわかる。同様に**図2**の物質bの濃縮率は，$\dfrac{2.1}{0.03}=70$ となり，イヌリンよりも濃縮率が小さい。つまり，物質b（尿素）はイヌリンとは異なり，次の図に示すように一部再吸収されているため濃縮率がイヌリンよりも小さくなっていると考えられる。

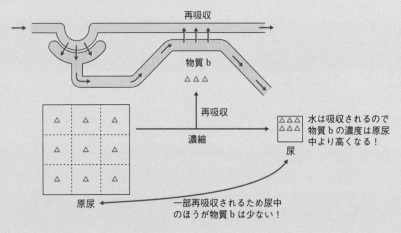

同様に**図2**の物質cの濃縮率は，$\dfrac{0.35}{0.30}≒1.2$ となり，濃縮率が小さく1に近い。つまり，物質c（Na^+）は血しょう中と尿中でほとんど濃度が変化していないことがわかる。これは，次ページの図に示すように物質cは水とほぼ同じ割合で再吸収されるため濃度がほとんど変化しないと考えられる。

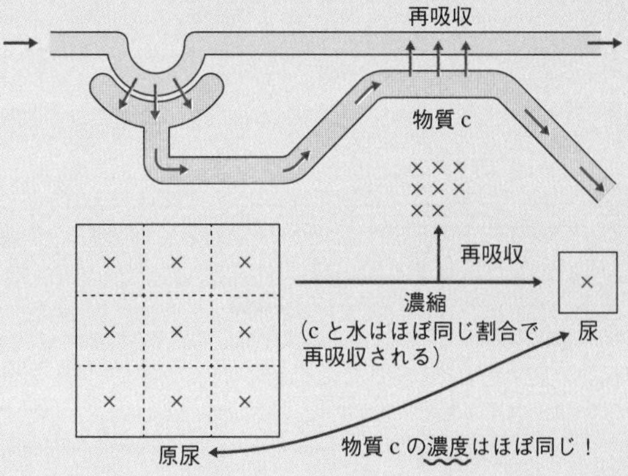

再吸収

物質c

再吸収

濃縮
(cと水はほぼ同じ割合で
再吸収される)

尿

原尿

物質cの濃度はほぼ同じ！

　図2から物質aはボーマンのう（②）での濃度が0，つまり，糸球体（①）からボーマンのう（②）へろ過されていないことがわかる。また，物質aは糸球体（①）での血しょう中濃度が8.0（g/100 mL）と大きいことからタンパク質であると考えられる。

　図2から物質dは糸球体（①）とボーマンのう（②）で濃度が0.1（g/100 mL）なので，物質aとは異なり，糸球体（①）からボーマンのう（②）へろ過されていることがわかる。また，細尿管（④）で濃度が0となることから，原尿が細尿管（③，④）を通る間に物質dはすべて再吸収されることがわかる。つまり，物質dの濃縮率は，$\dfrac{0}{0.1}=0$となる。ちなみに，物質dは血しょう中濃度が0.1（g/100 mL）であることからグルコースと考えられる。

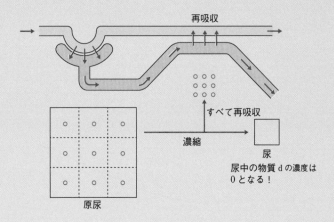

再吸収

すべて再吸収

濃縮

尿

尿中の物質 d の濃度は
0 となる！

原尿

選択肢を検討する。

① 誤り。物質 a は，ろ過されていないので再吸収は起こらない。

② 誤り。物質 b は，ろ過されたあとに一部再吸収されるが，残りは尿中に排泄される。

③ 誤り。物質 c は，水とほぼ同じ割合で再吸収されている。

④ 誤り。物質 d は，細尿管で分解されるのではなく，細尿管ですべて再吸収されるため集合管（⑤）での尿中濃度が 0 となる。

⑤ 誤り。最も濃縮率が大きいのは，物質 b ではなくイヌリンである。

⑥ 正しい。物質 c は物質 b より，濃縮率が低い。

[解答] 問 ⑥

55—
54—
53—
52—
51—
50—
49—
48—
47—
46—
45—
44—
43—
42—
41—
40—
39—
38—
37—
36—
35—
34—
33—
32—
31—
30—
29—
28—
27—
26—
25—
24—
23—
22—
21—
20—
19—
18—
17—
16—
15—
14—
13—
12—
11—
10—
9—
8—
7—
6—
5—
4—
3—
2—
1—

goal!

37 腎臓②
(2018 獨協医科大改)

図のグラフは，ヒト（成人）の血しょう中のグルコース濃度と，腎臓における ろ過および再吸収におけるグルコースの移動量との関係を示したものである。下の **(1)**・**(2)** の問いに答えなさい。ただし，1分間あたりにぼうこうに排出される尿の量を1 mL/分，1分間あたりの糸球体におけるろ過量を120 mL/分とする。

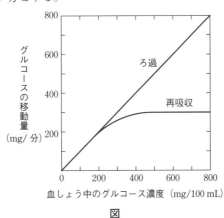

図

(1) 血しょう中のグルコース濃度が $\dfrac{150\ \text{mg}}{100\ \text{mL}}$ のとき，1分間あたりのグルコースの再吸収量（mg/分）として最も適当な数値はどれか。次の①〜⑧のうちから一つ選びなさい。

① 120 ② 150 ③ 180 ④ 200 ⑤ 1200 ⑥ 1500

⑦ 1800 ⑧ 2000

(2) 血しょう中のグルコース濃度が $\dfrac{500\ \text{mg}}{100\ \text{mL}}$ のとき，尿中のグルコース濃度（g/100 mL）として最も適当な数値はどれか。次の①〜⑧のうちから一つ選びなさい。

① 15 ② 18 ③ 20 ④ 30 ⑤ 150 ⑥ 180

⑦ 200 ⑧ 300

問題文を読んで，どこに注目，注意すればよいかを確認しよう！

図のグラフは，ヒト（成人）の血しょう中のグルコース濃度と，腎臓におけるろ過および再吸収におけるグルコースの移動量との関係を示したものである。下の **1**・**2** の問いに答えなさい。ただし，1分間あたりにぼうこうに排出される尿の量を1 mL/分，1分間あたりの糸球体におけるろ過量を120 mL/分とする。

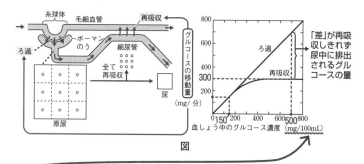

図

1 血しょう中のグルコース濃度が $\dfrac{150\ \text{mg}}{100\ \text{mL}}$ のとき，1分間あたりのグルコースの再吸収量（mg/分）として最も適当な数値はどれか。次の①〜⑧のうちから一つ選びなさい。

① 120　② 150　③ 180　④ 200　⑤ 1200　⑥ 1500
⑦ 1800　⑧ 2000

2 血しょう中のグルコース濃度が $\dfrac{500\ \text{mg}}{100\ \text{mL}}$ のとき，尿中のグルコース濃度（g/100 mL）として最も適当な数値はどれか。次の①〜⑧のうちから一つ選びなさい。
要注意！

① 15　② 18　③ 20　④ 30　⑤ 150　⑥ 180
⑦ 200　⑧ 300

👁 目のつけどころ

☑️ 図で，二つのグラフの差が尿中に排出されるグルコース量であることに気づけたか。

　図のグラフは情報量が多く，読み取りが難しいグラフである。特に縦軸はグラフによって意味が異なることに注意する！

- 「ろ過」のグラフの縦軸
  糸球体からボーマンのうへろ過されるときに移動するグルコースの量（ろ過量）

  → 1分間あたりのろ過量（mg/ 分）

- 「再吸収」のグラフの縦軸
  細尿管から毛細血管へ再吸収されるときに移動するグルコースの量（再吸収量）

  → 1分間当たりの再吸収量（mg/ 分）

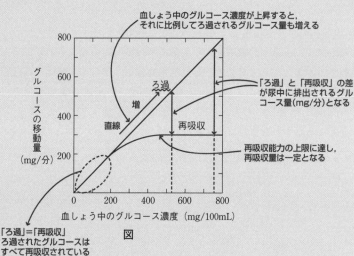

図

横軸：0 ～ 200（mg/100 mL）

　「ろ過」のグラフは血しょう中のグルコース濃度に比例し，「再吸収」のグラフと重なっている。これは糸球体からボーマンのうへろ過されたグルコースが，細尿管から毛細血管へすべて再吸収されていることを意味している。

横軸：200（mg/100 mL）以上

　「ろ過」のグラフよりも「再吸収」のグラフの方が値が小さくなる。これは，細尿管での再吸収能力には限界があり，ろ過されたグルコースをすべて再吸収しきれないからである。二つのグラフの差が，再吸収しきれなかったグルコースの量で，次の図のように尿中に排出されることになる（糖尿）。

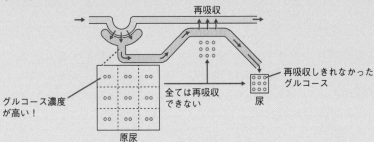

１ 図から，血しょう中のグルコース濃度が $\dfrac{150\ \text{mg}}{100\ \text{mL}}$ のとき，「ろ過」と「再吸収」のグラフは重なっているので，糸球体からボーマンのうへろ過されたグルコースが，細尿管から毛細血管へすべて再吸収されていることがわかる。よって，１分間のろ過量を求めれば，それが１分間の再吸収量となる。血しょう中のグルコース濃度はろ過されて生じる原尿中のグルコース濃度と等しいと考えると，１分間の原尿量は 120 mL/分 なので，１分間にろ過されるグルコース量は，

$$120\,(\text{mL/分}) \times \frac{150\,(\text{mg})}{100\,(\text{mL})} = 180\,(\text{mg/分})$$

となる。よって，正解は③となる。

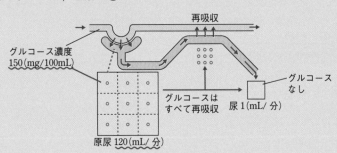

⑵ 図から，血しょう中のグルコース濃度が $\dfrac{500\,\text{mg}}{100\,\text{mL}}$ のとき，再吸収量は

300（mg/分）と読み取れる。つまり，1分間に300 mg のグルコースを細尿管から毛細血管へ再吸収していることがわかる。また，このときの1分間にろ過されるグルコース量は，**❶** と同様に求めて，

$$120\,(\text{mL/分}) \times \frac{500\,(\text{mg})}{100\,(\text{mL})} = 600\,(\text{mg/分})$$

となる。1分間のろ過量から1分間の再吸収量を引いた量が，1分間の尿中に排出されるので，

$$600 - 300 = 300\,(\text{mg/分})$$

となり，1分間の尿量は1 mL なので尿中のグルコース濃度は，300（mg/mL）となるが，この設問ではグルコース濃度の単位が（g/100mL）となっているので，

$$300\,(\text{mg/mL}) \;\rightarrow\; \frac{300}{1000} = 0.3\,(\text{g/mL})$$

100（mL）あたりに直すと

$$0.3 \times 100 = 30\,(\text{g/100mL})$$

となる。よって正解は④である。

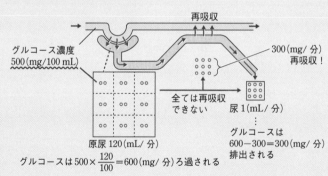

再吸収

グルコース濃度
500（mg/100 mL）

300（mg/分）
再吸収！

全ては再吸収
できない

尿 1（mL/分）
⋮
グルコースは
600−300＝300（mg/分）
排出される

原尿 120（mL/分）
グルコースは $500 \times \dfrac{120}{100} = 600$（mg/分）ろ過される

［解答］ **❶** ③　　**❷** ④

38 体液の塩分濃度の調節のグラフ
（2019 獨協医科大看護改）

　次の**図**は，3種類のカニについて，体外の塩類濃度をさまざまに変えた場合の，体液の塩類濃度の変化を示したグラフである。各直線より外側の塩類濃度ではそれぞれのカニは生存できない。**図**を考慮して，これらのカニの体液における塩類濃度の調節に関する記述として最も適当なものはどれか。下の①〜⑥のうちから一つ選びなさい。なお，グラフの塩類濃度は，海水の塩類濃度を5としたときの相対値で示している。

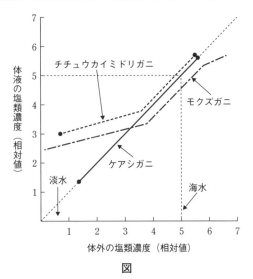

図

① ケアシガニは海水中では生存することができない。

② 体外の塩類濃度が2のとき，モクズガニは体液の塩類濃度を体外よりも高く保つことができる。

③ 体外の塩類濃度が3のとき，チチュウカイミドリガニは体液の塩類濃度を体外よりも低く保つことができる。

④ 体外の塩類濃度が5のとき，ケアシガニは体液の塩類濃度を体外よりも高く保つことができる。

⑤ チチュウカイミドリガニは，体外の塩類濃度がおよそ3.5未満になると体液の塩類濃度の調節を停止する。

⑥ モクズガニは，淡水でも海水でも体液の塩類濃度の調節を行っていない。

解説編

問題文を読んで，**どこに注目，注意すればよいか**を確認しよう！

次の**図**は，3種類のカニについて，体外の塩類濃度をさまざまに変えた場合の，体液の塩類濃度の変化を示したグラフである。各直線より外側の塩類濃度ではそれぞれのカニは生存できない。**図**を考慮して，これらのカニの体液における塩類濃度の調節に関する記述として最も適当なものはどれか。下の①～⑥のうちから一つ選びなさい。なお，グラフの塩類濃度は，海水の塩類濃度を5としたときの相対値で示している。

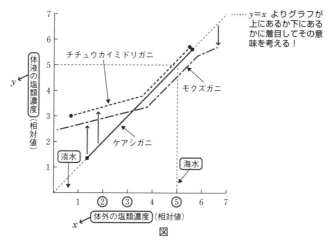

…… $y=x$ よりグラフが上にあるか下にあるかに着目してその意味を考える！

図

① ケアシガニは海水中では生存することができない。

② 体外の塩類濃度が2のとき，モズクガニは体液の塩類濃度を体外よりも高く保つことができる。

③ 体外の塩類濃度が3のとき，チチュウカイミドリガニは体液の塩類濃度を体外よりも低く保つことができる。

④ 体外の塩類濃度が5のとき，ケアシガニは体液の塩類濃度を体外よりも高く保つことができる。

⑤ チチュウカイミドリガニは，体外の塩類濃度がおよそ3.5未満になると体液の塩類濃度の調節を停止する。

⑥ モズクガニは，淡水でも海水でも体液の塩類濃度の調節を行っていない。

まず，与えられた**図**のグラフの意味を
検討する。縦軸は体液の塩類濃度（相対
値），横軸は体外の塩類濃度（相対値）
となっている。問題文でこのグラフは，
体外の塩類濃度をさまざまに変えた場
合の，体液の塩類濃度の変化を示したグ
ラフとある。つまり，横軸の x の値を

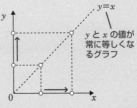

x を変化させると，y の値も変化して
x と等しくなる。

いろいろ変化させたときの縦軸の y の値を調べているグラフということに
なる。図には点線で $y=x$ の直線が描かれているが，$y=x$ 上にあるとい
うことは，x を変化させると y の値も変化して x と等しくなることを示し
ている。つまり，体外の塩類濃度を変化させると体液の塩類濃度も変化し
て体外の塩類濃度と等しくなることになり，**体液の塩類濃度を一定に保つ
調節能力がない**ことを意味している。3 種類のカニのグラフをそれぞれ
検討する。

● ケアシガニ（外洋に生息）

生存範囲のグラフはすべて $y=x$ 上にあり，
体液の塩類濃度を調節する能力をもたない。

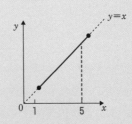

● チチュウカイミドリガニ（河口付近の汽水域に生息）

体外の塩類濃度が約3.5以上では，グラフは
ほぼ $y=x$ に近いため，体液の塩類濃度の調
節をほとんど行っていないと考えられるが，体
外の塩類濃度が約3.5未満では，グラフが $y=x$
のグラフよりも上にある。これは，$y>x$，つ
まり，体液の塩類濃度＞体外の塩類濃度となっ
ているため，体液の塩類濃度が体外の塩類濃度

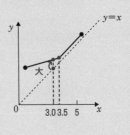

よりも高くなるように調節が行われていることを意味している。

● モクズガニ（海と川を行き来する）

　体外の塩類濃度が約3.2未満では，グラフが $y = x$ のグラフよりも上にあるので，体液の塩類濃度が体外の塩類濃度よりも高くなるように調節が行われている。また，体外の塩類濃度が約5.6以上では，グラフが $y = x$ のグラフよりも下にある。これは，$y < x$，つまり，体液の塩類濃度＜体外の塩類濃度となっているた

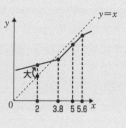

め，体液の塩類濃度が体外の塩類濃度よりも低くなるように調節が行われていることを意味している。また，体外の塩類濃度が約3.8〜5.6の範囲では，グラフはほぼ $y = x$ に近いため，体液の塩類濃度の調節をほとんど行っていないと考えられる。

　これらをもとに選択肢を検討する。

① 誤り。図のグラフから，体外の塩類濃度が海水の塩類濃度と等しい 5 （相対値）のときにケアシガニは生存している。

② 正しい。図のグラフから，体外の塩類濃度が 2 のとき，モクズガニの体液の塩類濃度は 2 よりも高くなっている。

③ 誤り。体外の塩類濃度が 3 のとき，チチュウカイミドリガニの体液の塩類濃度は体外よりも高くなっている。

④ 誤り。体外の塩類濃度が 5 のとき，ケアシガニの体液の塩類濃度は体外の塩類濃度とほぼ等しい。

⑤ 誤り。チチュウカイミドリガニは，体外の塩類濃度がおよそ3.5未満になると体液の塩類濃度が体外の塩類濃度よりも高くなるように調節している。

⑥ 誤り。モクズガニは，淡水では体液の塩類濃度が体外の塩類濃度よりも高くなるように調節している。

[解答] ②

恒温動物は，体外の温度が体温より低い場合，体内での熱産生量の増加と熱放散量の減少によって，体外の温度が体温より高い場合は，熱放散量を増やして体温を一定に保つ。

図1は，ある恒温動物（動物P）について，体外の温度と時間あたりの熱産生量の関係を示しており，体外の温度が低い（温度d）ときは熱産生量が多いが，体外の温度が温度eよりも高くなると，熱産生量が一定になることを示している。温度fは，直線の傾きが変わらないとした場合に，熱産生量が0となる温度を示している。図2は，動物Pとは異なる恒温動物（動物Qと動物R）について示したものである。このグラフに関する推論として最も適当なものを，下の①〜⑤の中から一つ選べ。ただし，図2中の細い線は動物Pを示している。

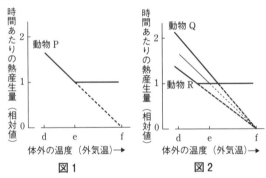

図1　　　　　図2

① 傾きが変わる温度が高いことから判断して，動物Qの方が，より寒い環境で体温を維持しやすいと考えられる。

② 傾きが変わる温度が低いことから判断して，動物Rの方が，より寒い環境で体温を維持しにくいと考えられる。

③ 体外の温度が低い範囲での傾きが大きいことから判断して，動物Qの方が，より寒い環境で体温を維持しやすいと考えられる。

④ 体外の温度が低い範囲での傾きが小さいことから判断して，動物Rの方が，より寒い環境で体温を維持しやすいと考えられる。

⑤ グラフのfが一致していることから，動物Qも動物Rも，寒い環境で体温を維持する能力に差はないと考えられる。

解説編

問題文を読んで，**どこに注目，注意すればよいか**を確認しよう！

　恒温動物は，体外の温度が体温より低い場合，体内での熱産生量の増加と熱放散量の減少によって，体外の温度が体温より高い場合は，熱放散量を増やして体温を一定に保つ。

　図1は，ある恒温動物（動物P）について，体外の温度と時間あたりの熱産生量の関係を示しており，体外の温度が低い（温度d）ときは熱産生量が多いが，体外の温度が温度eよりも高くなると，熱産生量が一定になることを示している。温度fは，直線の傾きが変わらないとした場合に，熱産生量が0となる温度を示している。図2は，動物Pとは異なる恒温動物（動物Qと動物R）について示したものである。このグラフに関する推論として最も適当なものを，下の①〜⑤の中から一つ選べ。ただし，図2中の細い線は動物Pを示している。

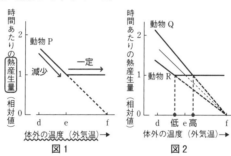

図1　　　　図2

① 傾きが変わる温度が高いことから判断して，動物Qの方が，より寒い環境で体温を維持しやすいと考えられる。

② 傾きが変わる温度が低いことから判断して，動物Rの方が，より寒い環境で体温を維持しにくいと考えられる。

③ 体外の温度が低い範囲での傾きが大きいことから判断して，動物Qの方が，より寒い環境で体温を維持しやすいと考えられる。

④ 体外の温度が低い範囲での傾きが小さいことから判断して，動物Rの方が，より寒い環境で体温を維持しやすいと考えられる。

⑤ グラフのfが一致していることから，動物Qも動物Rも，寒い環境で体温を維持する能力に差はないと考えられる。

　問題文をもとに**図1**から次のことがわかる。

体外の温度（e ～ f）：直線の傾きが0であり, 外気温が上昇しても熱産生量が一定となっており, これ以上熱産生量を減少させることができないと考えられる。

体外の温度（d ～ e）：直線の傾きの大きさは, $\dfrac{\text{熱産生量の減少量}}{\text{外気温の上昇量}}$ であり, 傾きが急な（大きい）ほど, 外気温が1℃上昇したときに, **体温を一定に保つための熱産生量が大きく減少する**ことを意味する。言い換えると, 傾きが急なほど, 外気温が1℃低下したときに体温を維持するのに必要な熱産生量が大きく増加することを意味し, 低温になると体温を維持しにくいと考えられる。

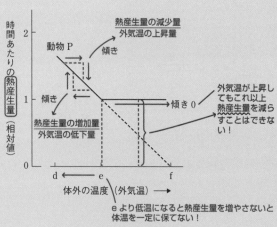

図1

以上をもとに，**図2**のR
とQを比較してみる。

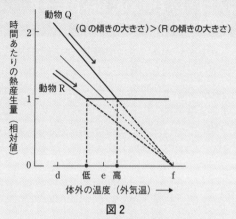

図2

　図2から，まずQより
もRのほうが，体外の温
度が低下したときに直線
の傾きが変化する温度が
低い。これは，QよりもR
のほうがより低温になる
まで少ない熱産生量で体
温を一定に保つことがで
きることを意味し，つま
り，低温に耐性があると考えられる。また，傾きが0でない直線部分の
傾きの大きさが，RのほうがQよりも小さい。つまり，1℃外気温が低
下してもRのほうがQよりも，少し熱産生量を増やせば体温を一定に維
持できると考えられる。

　以上より，正解は④となる。

- -

［解答］④

- -

40 地球温暖化
(2017 早稲田大改)

　20世紀に入ると人口増加や人間活動の活発化により，大気中の二酸化炭素濃度は増加し（**図**），これと平行して地球の平均気温も上昇している。これが地球温暖化現象である。このまま地球温暖化が進めば，地球規模でさまざまな影響が生じると考えられている。実際に地球上では，これまでに予期しなかった深刻な環境問題が発生しており，我々は地球生態系を保全するために多くの取り組みを行う必要がある。

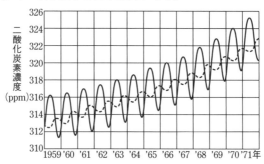

図　大気中の二酸化炭素濃度の経年変化
　　　実線はハワイ島，点線は南極大陸で計測された値を示す。

問 図はハワイ島と南極大陸で観測された大気中の二酸化炭素濃度の経年変化を示している。この**図**に関する記述として適当なものを，次の(a)～(f)のうちからすべて選べ。

(a)　大気中の二酸化炭素濃度が季節ごとに規則正しい変化を繰り返しているのは，季節によって植物などの光合成量が変化し，二酸化炭素吸収量も変化していることがおもな要因である。

(b)　大気中の二酸化炭素濃度が季節ごとに規則正しい変化を繰り返しているのは，季節によって生物の呼吸量が変化し，二酸化炭素放出量も変化していることがおもな要因である。

(c)　大気中の二酸化炭素濃度の季節変化がハワイ島と南極大陸では逆のパターンを示すのは，北半球と南半球とでは，季節が逆になるためである。

(d)　大気中の二酸化炭素濃度の季節変化がハワイ島と南極大陸では逆のパターンを示すのは，北半球と南半球とでは，昼夜が逆になるためである。

(e) ハワイ島では南極大陸に比べて大気中の二酸化炭素の季節変化の幅が大きいのは、生物量が多いほうが呼吸量の変化による影響が大きくなるためである。

(f) ハワイ島では南極大陸に比べて大気中の二酸化炭素の季節変化の幅が大きいのは、植物量が多いほうが光合成量の変化による影響が大きくなるためである。

問題文を読んで，**どこに注目，注意すればよいか**を確認しよう！

20世紀に入ると人口増加や人間活動の活発化により，大気中の二酸化炭素濃度は増加し（図），これと平行して地球の平均気温も上昇している。これが地球温暖化現象である。このまま地球温暖化が進めば，地球規模でさまざまな影響が生じると考えられている。実際に地球上では，これまでに予期しなかった深刻な環境問題が発生しており，我々は地球生態系を保全するために多くの取り組みを行う必要がある。

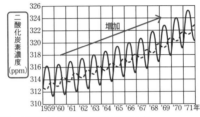

図　大気中の二酸化炭素濃度の経年変化
実線はハワイ島，点線は南極大陸で計測された値を示す。

問 図はハワイ島と南極大陸で観測された大気中の二酸化炭素濃度の経年変化を示している。この図に関する記述として適当なものを，次の(a)〜(f)のうちからすべて選べ。

(a) 大気中の二酸化炭素濃度が季節ごとに規則正しい変化を繰り返しているのは，季節によって植物などの光合成量が変化し，二酸化炭素吸収量も変化していることがおもな要因である。

(b) 大気中の二酸化炭素濃度が季節ごとに規則正しい変化を繰り返しているのは，季節によって生物の呼吸量が変化し，二酸化炭素放出量も変化していることがおもな要因である。

(c) 大気中の二酸化炭素濃度の季節変化がハワイ島と南極大陸では逆のパターンを示すのは，北半球と南半球とでは，季節が逆になるためである。

(d) 大気中の二酸化炭素濃度の季節変化がハワイ島と南極大陸では逆のパターンを示すのは，北半球と南半球とでは，昼夜が逆になるためである。

(e) ハワイ島では南極大陸に比べて大気中の二酸化炭素の季節変化の幅が大きいのは，生物量が多いほうが呼吸量の変化による影響が大きくなるためである。

(f) ハワイ島では南極大陸に比べて大気中の二酸化炭素の季節変化の幅が大きいのは，植物量が多いほうが光合成量の変化による影響が大きくなるためである。

😎 目のつけどころ

✓ 図で，2つのグラフの増減パターンが逆であることに気づけたか。

　大気中の二酸化炭素濃度の増減に大きな影響を与えるのは，植物の光合成による二酸化炭素の取り込みである。植物の光合成速度は，気温が上昇する春から夏にかけて大きくなり，気温が低下する秋から冬にかけて小さくなる。つまり，大気中の二酸化炭素濃度は，**春から夏にかけて減少し，秋から冬にかけて増加する**という周期性を示すと考えられる。

　図のグラフから，ハワイ島と南極大陸の大気中の二酸化炭素濃度について以下のことが読み取れる。

● どちらも増減を繰り返す周期性を示しながら上昇している。

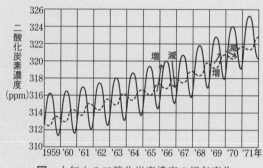

図　大気中の二酸化炭素濃度の経年変化

● ハワイ島のほうが南極大陸よりも二酸化炭素濃度の増減の幅が大きい。

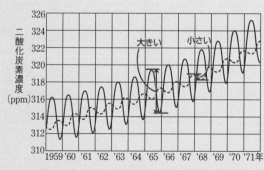

図　大気中の二酸化炭素濃度の経年変化

● ハワイ島と南極大陸では，増減のパターンが逆になっている。

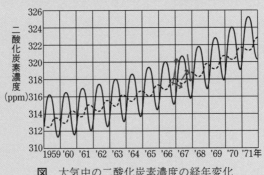

図 大気中の二酸化炭素濃度の経年変化

　選択肢を検討する。

(a)　正しい。(b)　誤り。

　大気中の二酸化炭素濃度に影響するのは，おもに植物の光合成量である。もしも，季節による生物の呼吸量の変化による影響が大きいなら，気温の高い夏に呼吸量が増え，二酸化炭素濃度が上昇するはずだが，ハワイ島でも南極大陸でも夏に減少している。

(c)　正しい。(d)　誤り。

　ハワイ島（北半球）と南極大陸（南半球）では，季節が逆になるため二酸化炭素濃度の増減は逆のパターンを示すと考えられる。

(e)　誤り。(f)　正しい。

　温暖なハワイ島のほうが寒冷な南極大陸よりも単位面積当たりの植物量が多いと考えられ，大気中の二酸化炭素濃度に対して，季節による光合成量の変化による影響が大きくなると考えられる。

－－－－－－－－－－－－－－－－－－－－－－－－－－－－－－－－－－－－－－

[解答] (a), (c), (f)

－－－－－－－－－－－－－－－－－－－－－－－－－－－－－－－－－－－－－－

41 細胞骨格
（2017 獨協医科大改）

　細胞の形態を内部から支える構造を細胞骨格という。細胞骨格はタンパク質によって構成され，太いものから順に微小管，中間径フィラメント，アクチンフィラメントという。

　微小管はチューブリンというタンパク質で構成され，チューブリンの重合と脱重合によって，その長さを自由に変えることができる。次の図は顕微鏡で観察したある微小管の長さの時間変化をグラフにしたものである。グラフの縦軸は，微小管上のある一点から微小管の両端（一方をプラス端，もう一方をマイナス端とする）までの距離を表しており，グラフの横軸は時間を表している。

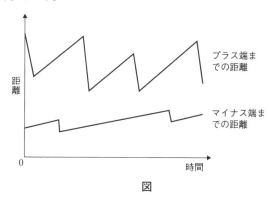

図

　このグラフに関する次の記述のうち，最も適当なものはどれか。次の①～⑥のうちから一つ選びなさい。

① 二つのグラフの和が大きくなるほど，微小管は短くなっている。

② プラス端では，重合と脱重合にほぼ同じ時間を要している。

③ マイナス端では，重合が起こる時期より脱重合が起こる時期の方が長い。

④ プラス端でもマイナス端でも，重合の速度より脱重合の速度の方が速い。

⑤ プラス端とマイナス端の重合と脱重合の周期は互いに同調している。

⑥ プラス端での重合の速度より，マイナス端での重合の速度の方が速い。

問題文を読んで，**どこに注目，注意すればよいか**を確認しよう！

　　細胞の形態を内部から支える構造を細胞骨格という。細胞骨格はタンパク質によって構成され，太いものから順に微小管，中間径フィラメント，アクチンフィラメントという。

　　微小管はチューブリンというタンパク質で構成され，チューブリンの重合と脱重合によって，その長さを自由に変えることができる。次の図は顕微鏡で観察したある微小管の長さの時間変化をグラフにしたものである。グラフの縦軸は，微小管上のある一点から微小管の両端（一方をプラス端，もう一方をマイナス端とする）までの距離を表しており，グラフの横軸は時間を表している。

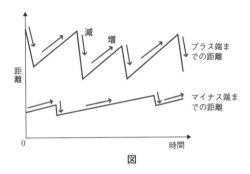

図

　　このグラフに関する次の記述のうち，最も適当なものはどれか。次の①〜⑥のうちから一つ選びなさい。

① 二つのグラフの和が大きくなるほど，微小管は短くなっている。
② プラス端では，重合と脱重合にほぼ同じ時間を要している。
③ マイナス端では，重合が起こる時期より脱重合が起こる時期の方が長い。
④ プラス端でもマイナス端でも，重合の速度より脱重合の速度の方が速い。
⑤ プラス端とマイナス端の重合と脱重合の周期は互いに同調している。
⑥ プラス端での重合の速度より，マイナス端での重合の速度の方が速い。

👀 目のつけどころ

✓ 図で,グラフの傾きが重合,脱重合の速度であることに気づけたか。

　グラフの縦軸である,**微小管**上のある一点から微小管の両端（一方をプラス端，もう一方をマイナス端とする）までの距離は次の図のようにイメージする。

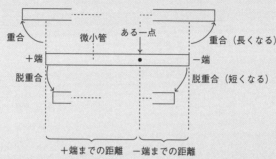

　図のグラフの傾きは $\dfrac{距離}{時間}$ であり，傾きが正のときは**プラス端またはマイナス端の重合速度**，傾きが負のときは**プラス端またはマイナス端の脱重合速度**となる。

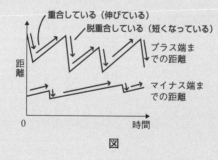

図

　選択肢を検討する。

① 誤り。二つのグラフの和は微小管の長さとなるので，和が大きくなるほど，微小管は長くなっている。

② 誤り。プラス端では，脱重合が起こる時期より重合が起こる時期のほうが長い。

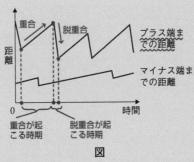

図

③ 誤り。マイナス端では，重合が起こる時期より脱重合が起こる時期のほうが短い。

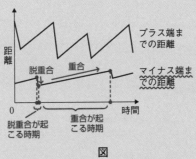

図

④ 正しい。プラス端でもマイナス端でも，重合の速度より脱重合の速度のほうが速い。

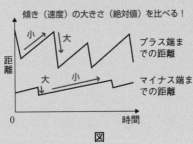

図

⑤ 誤り。プラス端とマイナス端の重合と脱重合の周期は互いに同調していない。

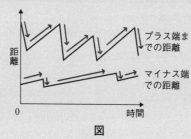

図

⑥ 誤り。プラス端での重合の速度より，マイナス端での重合の速度のほうが遅い。

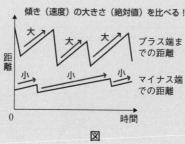

図

［解答］④

----

42 光合成の過程
(2017 福井県立大改)

　植物細胞内にある葉緑体の内部に存在するチラコイド膜では光エネルギーを吸収して最終的にNADPHとATPが合成される。NADPHとATPは，葉緑体のストロマで行われるCO_2の固定に使われる。光やCO_2のあるなしで植物の炭酸同化率がどのように変わるかを調べるため，次のような実験を行った。光合成を行うのに適した密閉容器に植物を入れ，ステップAからステップDまで一定時間ごとに光やCO_2の条件を変えながら植物のCO_2吸収速度を測定した。図の太線は，A〜DのCO_2吸収速度を示している。ただし，植物による呼吸の影響は無視できるものとする。B〜Dの光やCO_2の条件として最も適当なものを，下の①〜④のうちから一つ選べ。

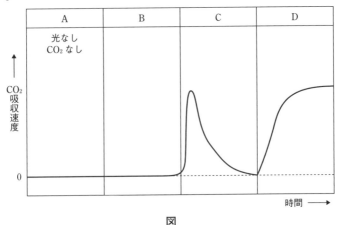

図

	B	C	D
①	光なし・CO_2あり	光あり・CO_2なし	光あり・CO_2あり
②	光なし・CO_2あり	光あり・CO_2なし	光あり・CO_2なし
③	光あり・CO_2なし	光なし・CO_2あり	光あり・CO_2あり
④	光あり・CO_2なし	光なし・CO_2あり	光あり・CO_2なし

解説編

問題文を読んで，**どこに注目，注意すればよいか**を確認しよう！

　　植物細胞内にある葉緑体の内部に存在するチラコイド膜では光エネルギーを吸収して最終的にNADPHとATPが合成される。NADPHとATPは，葉緑体のストロマで行われるCO_2の固定に使われる。光やCO_2のあるなしで植物の炭酸同化率がどのように変わるかを調べるため，次のような実験を行った。光合成を行うのに適した密閉容器に植物を入れ，ステップAからステップDまで一定時間ごとに光やCO_2の条件を変えながら植物のCO_2吸収速度を測定した。図の太線は，A～DのCO_2吸収速度を示している。ただし，植物による呼吸の影響は無視できるものとする。B～Dの光やCO_2の条件として最も適当なものを，下の①～④のうちから一つ選べ。

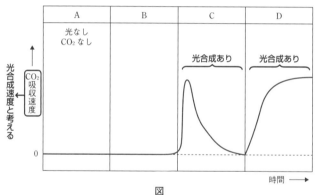

図

☑ 図で，C で光合成が起こる条件が一時的にそろうことに気づけたか。

　葉緑体で行われる光合成は，次のようにチラコイドで行われる過程と**ス
トロマで行われる過程（カルビン・ベンソン回路）**に分けられる。先に起
こるチラコイドの過程では，吸収した光エネルギーを利用して NADPH と
ATP がつくられ，後で起こるストロマでの過程では，この NADPH と
ATP を利用して CO_2 の固定が行われる。重要なのは，**NADPH と ATP が
ないと CO_2 の固定が行われない**ことである。

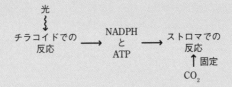

　B 〜 D での光や CO_2 の条件を求めるには，C の条件がポイントになる。
C ではいったん CO_2 の吸収が起こるが，すぐに CO_2 吸収速度が低下して
いる。つまり，C ではいったん光合成が起こるが，すぐに光合成速度が低
下していくことがわかる。よって，B では光合成に必要な条件はそろわな
いが，C でいったんそろうように考えればよい。B 〜 D の光や CO_2 の条
件は次のようになる。

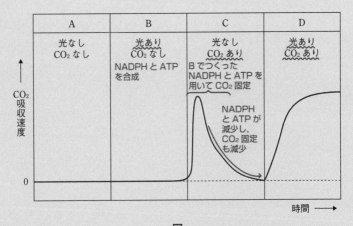

図

B の条件：光あり・CO_2 なし

チラコイドの過程は進み，NADPH と ATP がつくられるが CO_2 がないので光合成（CO_2 吸収）は起こらない。

C の条件：光なし・CO_2 あり

光はないが B でつくられた NADPH と ATP を用いてストロマでの過程（カルビン・ベンソン回路）が行われ，CO_2 の吸収が起こる。しかし，すぐに NADPH と ATP が消費されてなくなるので，CO_2 吸収速度は低下していく。もちろん，光なしなので新たな NADPH と ATP はつくられない。

D の条件：光あり・CO_2 あり

CO_2 の吸収が上昇して下がらないので，継続して光合成が行われている。

以上より，正解は③となる。

［解答］③

------

43 減数分裂のDNA量の変化
(2015 北里大)

図1はある被子植物の配偶子形成の過程と受精の様子を表した模式図であり、ここでは減数分裂の第一分裂と第二分裂を切り離し、それぞれ別個の細胞分裂として扱っている。○は細胞を表し、細胞Aは4回の細胞分裂（実線の矢印）を経て細胞Eに変化し、細胞Fは2回の細胞分裂（実線の矢印）と細胞質分裂を伴わない3回の核分裂（破線の矢印）、および細胞膜による仕切りの形成を経て細胞Iに変化する。細胞Eは細胞Iと融合して細胞J（受精卵）となる。また、図2は、図1の細胞Aが細胞Jに変化するまでの過程をDNAの含有量の違いによってア〜シの区間に分けたうえで、それぞれの区間における細胞1個あたりの相対的なDNA量を示している。これらの図についての以下の問に答えなさい。

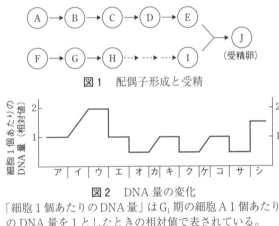

図1　配偶子形成と受精

図2　DNA量の変化
「細胞1個あたりのDNA量」はG_1期の細胞A1個あたりのDNA量を1としたときの相対値で表されている。

図2のア〜シの中から、以下の区間として適切なものをそれぞれ答えなさい。答が複数ある場合はそのすべてを答えなさい。なお、同じ選択肢を複数回答えてもよい。

[1] 細胞CのG_1期に相当する区間
[2] 細胞DのG_2期が含まれる区間
[3] 二価染色体の形成がみられる区間
[4] 体細胞分裂の中期が含まれる区間
[5] 著しい不等分裂の分裂終期が含まれる区間

解説編

問題文を読んで，**どこに注目，注意**すればよいかを確認しよう！

　図1はある被子植物の配偶子形成の過程と受精の様子を表した模式図であり，ここでは減数分裂の第一分裂と第二分裂を切り離し，それぞれ別個の細胞分裂として扱っている。○は細胞を表し，細胞Aは4回の細胞分裂（実線の矢印）を経て細胞Eに変化し，細胞Fは2回の細胞分裂（実線の矢印）と細胞質分裂を伴わない3回の核分裂（破線の矢印），および細胞膜による仕切りの形成を経て細胞Iに変化する。細胞Eは細胞Iと融合して細胞J（受精卵）となる。また，図2は，図1の細胞Aが細胞Jに変化するまでの過程をDNAの含有量の違いによってア～シの区間に分けたうえで，それぞれの区間における細胞1個あたりの相対的なDNA量を示している。これらの図についての以下の問に答えなさい。

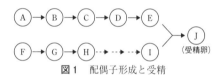

図1　配偶子形成と受精

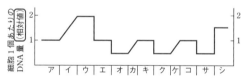

図2　DNA量の変化
「細胞1個あたりのDNA量」はG_1期の細胞A1個あたり
のDNA量を1としたときの相対値で表されている。

　図2のア～シの中から，以下の区間として適切なものをそれぞれ答えなさい。答が複数ある場合はそのすべてを答えなさい。なお，同じ選択肢を複数回答えてもよい。

[1] 細胞CのG_1期に相当する区間

[2] 細胞DのG_2期が含まれる区間

[3] 二価染色体の形成がみられる区間

[4] 体細胞分裂の中期が含まれる区間

[5] 著しい不等分裂の分裂終期が含まれる区間

✓ 図2で, オ〜キが花粉四分子あることに気づけたか。

被子植物の配偶子形成は次のようになる。**図1**のA〜Iがどれに相当するか確認する。

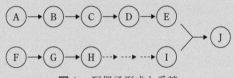

図1　配偶子形成と受精

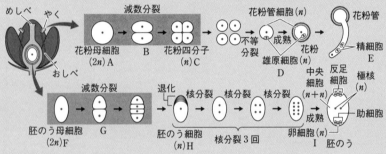

被子植物の配偶子形成と受精の過程

[I] 細胞Cは, 減数分裂で生じた**花粉四分子**である。G₁期はオである。

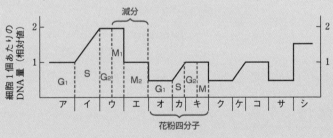

図2　DNA量の変化

[2] 細胞 D は，花粉四分子の細胞が体細胞分裂をして生じた**雄原細胞**と花粉管細胞である。分裂をするのは雄原細胞で，G_2 期はコに含まれる。

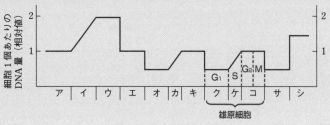

図2 DNA 量の変化

[3] **二価染色体**は，減数分裂第一分裂前期（ウ）に**相同染色体**が対合してつくられる。

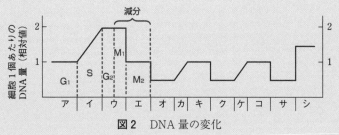

図2 DNA 量の変化

[4] 体細胞分裂を行うのは，花粉四分子の細胞と雄原細胞である。これらの細胞の分裂中期はそれぞれ，キとコの M 期に含まれる。

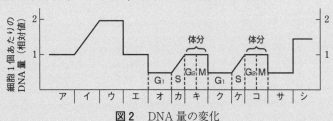

図2 DNA 量の変化

5 著しい不等分裂が起こるのは，花粉四分子から雄原細胞と花粉管細胞が生じるときである。終期はキのM期に含まれる。

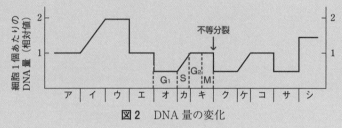

図2 DNA量の変化

[解答] **1** オ　　**2** コ　　**3** ウ　　**4** キ，コ　　**5** キ
---

44 位置情報
（2007 成蹊大改）

　ニワトリの翼はヒトの人差し指，中指，薬指に相当する第2〜4指の3本でできている。次の**図**はニワトリの発生における翼形成を表したものである。A は正常な発生の場合を，B はある時期の胚の翼原基前部に別の胚から取り出した翼原基後部の特定部分（ZPA）を，B(1)，B(2)で示したように移植した発生の場合を示した。この翼形成には ZPA から分泌されるある物質の影響による第2〜4指の形成や ZPA による翼の方向性が関係していると考えられている。グラフは ZPA および移植 ZPA から分泌される物質の濃度曲線である。

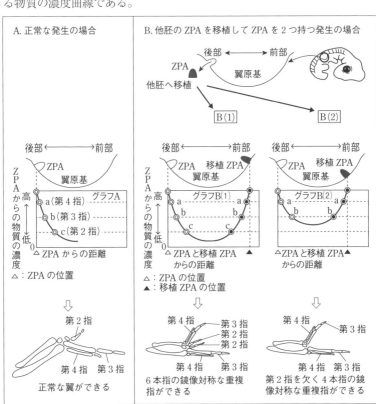

図　ニワトリの翼原基への ZAP 移植による翼形成の実験

問 図の結果より，次の①〜⑤のうちから最も適当なものを，一つ選べ。

① ZPAから分泌される物質の濃度の高い順に第2，第3，第4指が形成される。

② ZPAから遠ざかるほどZPAから翼原基に分泌される物質の濃度は上昇する。

③ ZPAから分泌される物質の濃度と翼の指の大きさには比例関係がある。

④ B(1)では，ZPAから分泌される物質の濃度が低下せずすべての指が形成された。

⑤ B(2)では，ZPAから分泌される物質の濃度が高く第2指が形成されなかった。

解説編

問題文を読んで，**どこに注目，注意すればよいか**を確認しよう！

ニワトリの翼はヒトの人差し指，中指，薬指に相当する第2〜4指の3本でできている。次の図はニワトリの発生における翼形成を表したものである。Aは正常な発生の場合を，Bはある時期の胚の翼原基前部に別の胚から取り出した翼原基後部の特定部分（ZPA）を，B(1)，B(2)で示したように移植した発生の場合を示した。この翼形成にはZPAから分泌されるある物質の影響による第2〜4指の形成やZPAによる翼の方向性が関係していると考えられている。グラフはZPAおよび移植ZPAから分泌される物質の濃度曲線である。

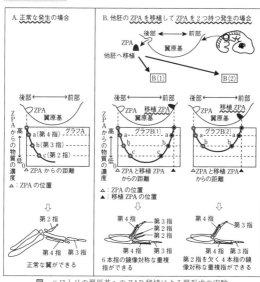

図　ニワトリの翼原基へのZAP移植による翼形成の実験

問 図の結果より，次の①〜⑤のうちから最も適当なものを，一つ選べ。

① ZPAから分泌される物質の濃度の高い順に第2，第3，第4指が形成される。

② ZPAから遠ざかるほどZPAから翼原基に分泌される物質の濃度は上昇する。

③ ZPAから分泌される物質の濃度と翼の指の大きさには比例関係がある。

④ B(1)では，ZPAから分泌される物質の濃度が低下せずすべての指が形成された。

⑤ B(2)では，ZPAから分泌される物質の濃度が高く第2指が形成されなかった。

☑ 図で、ZPA から分泌された物質の濃度によって第 2 ～ 4 指のつくられる位置が決まることに気づけたか。

A の正常な発生の場合，翼原基の後部の ZPA から分泌された物質が拡散し，濃度勾配を形成する。この濃度勾配が翼原基における「位置情報」となり，適当な位置に第 4 ～第 2 指が形成される。グラフより，物質の濃度が a となる位置で第 4 指，物質の濃度が b となる位置で第 3 指，物質の濃度が c となる位置で第 2 指がつくられると考えられる。

B(1)は，胚の翼原基前部に別の胚から取り出した ZPA を移植した場合を，B(2)は，胚の翼原基前部に別の胚から取り出した ZPA を B(1)よ

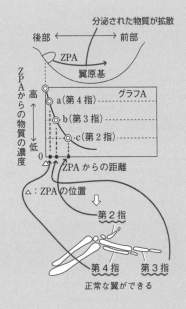

正常な翼ができる

りも後部の ZPA の近くに移植した場合の発生を示している。

B(1)：後部と前部の ZPA から分泌された物質が拡散し，いずれも濃度勾配を形成している。第 4 ～第 2 指をつくる濃度（a，b，c）がそれぞれ 2 か所ずつ現れるため，第 4 ～第 2 指は 2 本ずつつくられている。

B(2)：後部と前部の ZPA から分泌された物質が拡散し，いずれも濃度勾配を形成しているが，前部に移植された ZPA の位置が後部の ZPA の位置に B(1)よりも近く，第 4 指と第 3 指をつくる濃度（a，b）はそれぞれ 2 か所現れるが，第 2 指をつくる濃度(c)まで低下しない。よって，第 2 指はつくられず，第 4 指と第 3 指が 2 本ずつつくられている。

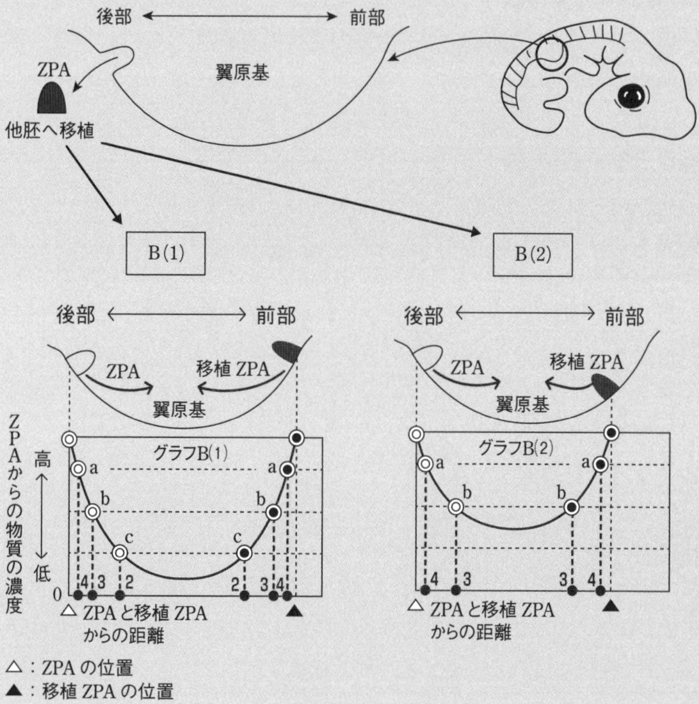

後部 ←――――――→ 前部

ZPA
翼原基
他胚へ移植

B(1)

B(2)

後部 ←―――→ 前部

ZPA
移植 ZPA
翼原基

ZPAからの物質の濃度

高い ← → 低い

グラフB(1)

a
b
c
c
b
a

4 3 2　　　2 3 4

△ ZPA と移植 ZPA
からの距離

△：ZPA の位置
▲：移植 ZPA の位置

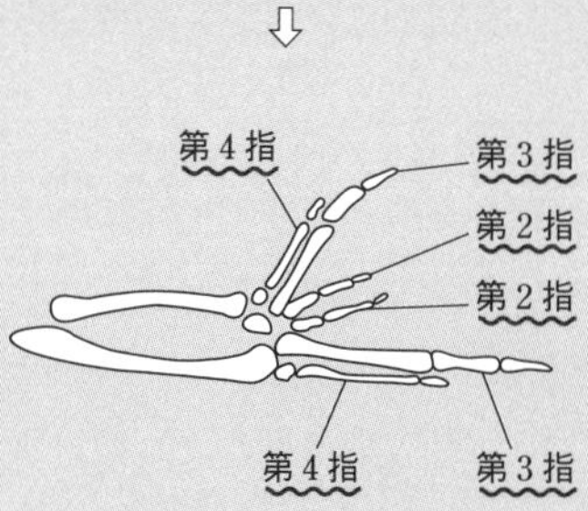

後部 ←―――→ 前部

ZPA
移植 ZPA
翼原基

グラフB(2)

a
b
a
b

4 3　　3 4

△ ZPA と移植 ZPA
からの距離

⇩

第4指
第3指
第2指
第2指

第4指
第3指

6本指の鏡像対称な重複指ができる

⇩

第4指
第3指

第4指
第3指

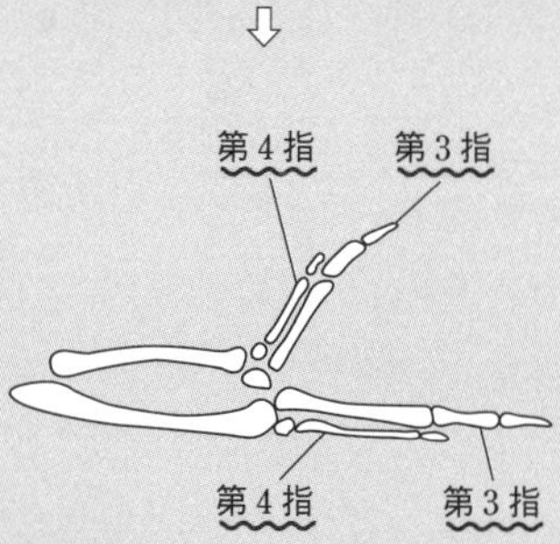

第2指を欠く4本指の鏡像対称な重複
指ができる

選択肢を検討する。

①　誤り。ZPAから分泌される物質の濃度の高い順に第4，第3，第2指が形成される。

②　誤り。ZPAから遠ざかるほどZPAから翼原基に分泌される物質の濃度は低下する。

③　誤り。ZPAから分泌される物質の濃度と翼の指の大きさには比例関係はみられない。最も高濃度の位置につくられる第4指のほうが，第3指よりも小さい。

④　誤り。B(1)では，ZPAから分泌される物質の濃度が低下し，すべての指が形成された。

⑤　正しい。B(2)では，ZPAから分泌される物質の濃度が高く第2指が形成されなかった。

　以上より，正解は⑤である。

[解答] ⑤

45 サルコメア
（2015 金沢医科大改）

[1] 図1は骨格筋の筋原繊維の構造を模式的に表したものである。次の各部分を示しているのは①〜⑧のうちどれか。最も適切なものをそれぞれ選びなさい。

ミオシンフィラメントの頭部のある部分： $\boxed{}$ ，明帯： $\boxed{}$

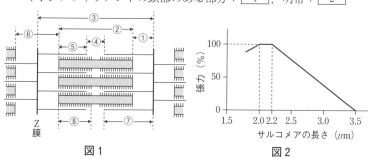

図1　　　　　　　　図2

[2] 筋収縮は，アクチンフィラメントがミオシンフィラメントの間に滑り込むことによって起こり，アクチンフィラメントとミオシンフィラメントの頭部のある部分との重なりが大きいほど生じる張力は増加する。ただし，引き込まれたアクチンフィラメントどうしが衝突すると張力は減少し，また，アクチンフィラメントとミオシンフィラメントの重なりが無くなるとき，張力は0になるものとする。図2のグラフは筋収縮の際のサルコメアの長さと張力の関係を示している。グラフを参考に，アクチンフィラメントのZ膜からの長さを求めると $\boxed{3}$ ． $\boxed{4}$ μm となる（Z膜の厚さは無視する）。また，同様にミオシンフィラメントの長さを求めると $\boxed{5}$ ． $\boxed{6}$ μm となる。 $\boxed{3}$ 〜 $\boxed{6}$ に入る数字として適するものを選びなさい。

① 1　　② 2　　③ 3　　④ 4　　⑤ 5　　⑥ 6
⑦ 7　　⑧ 8　　⑨ 9　　⑩ 0

[3] 設問(2)の骨格筋のサルコメアの長さが2.3 μm のとき，1本のアクチンフィラメントがミオシンフィラメントと重複している部分の長さを求めると $\boxed{7}$ ． $\boxed{8}$ μm となる。 $\boxed{7}$ と $\boxed{8}$ に入る数字として適するものを設問(2)の選択肢から選びなさい。

問題文を読んで，**どこに注目，注意すればよいか**を確認しよう！

1 図1は骨格筋の筋原繊維の構造を模式的に表したものである。次の各部分を示しているのは①～⑧のうちどれか。最も適切なものをそれぞれ選びなさい。

ミオシンフィラメントの頭部のある部分：［ 1 ］，明帯：［ 2 ］

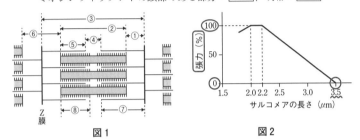

Z膜

図1

図2

2 筋収縮は，アクチンフィラメントがミオシンフィラメントの間に滑り込むことによって起こり，アクチンフィラメントとミオシンフィラメントの頭部のある部分との重なりが大きいほど生じる張力は増加する。ただし，引き込まれたアクチンフィラメントどうしが衝突すると張力は減少し，また，アクチンフィラメントとミオシンフィラメントの重なりが無くなるとき，張力は0になるものとする。図2のグラフは筋収縮の際のサルコメアの長さと張力の関係を示している。グラフを参考に，アクチンフィラメントのZ膜からの長さを求めると［ 3 ］．［ 4 ］μm となる（Z膜の厚さは無視する）。また，同様にミオシンフィラメントの長さを求めると［ 5 ］．［ 6 ］μm となる。［ 3 ］～［ 6 ］に入る数字として適するものを選びなさい。

① 1 ② 2 ③ 3 ④ 4 ⑤ 5 ⑥ 6
⑦ 7 ⑧ 8 ⑨ 9 ⑩ 0

3 設問(2)の骨格筋のサルコメアの長さが2.3μm のとき，1本のアクチンフィラメントがミオシンフィラメントと重複している部分の長さを求めると［ 7 ］．［ 8 ］μm となる。［ 7 ］と［ 8 ］に入る数字として適するものを設問(2)の選択肢から選びなさい。

👀 目のつけどころ

✓ 図2で，サルコメアの長さが3.5 µmのとき，アクチンフィラメントとミオシンフィラメントの重なりがなくなることに気づけたか。

[1] サルコメアの構造を示す。**ミオシンフィラメントの中央にはミオシン頭部のない領域が存在する**ことに注意する。ミオシンフィラメントの頭部のある部分は⑧，**明帯**は，ミオシンフィラメントとの重なりのない**アクチンフィラメント**のみの領域で⑥となる。

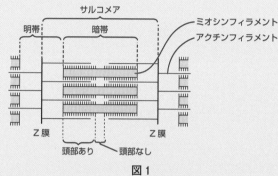

図1

[2] 骨格筋の筋収縮が起こるとき，**筋原繊維**では，次の図に示すように，アクチンフィラメントがミオシンフィラメントのミオシン頭部と結合し，サルコメア中央方向に引き込まれ，サルコメアの長さが短くなる。

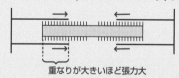

重なりが大きいほど張力大

筋収縮では，アクチンフィラメントとミオシンフィラメントの重なりが大きいほど，アクチンフィラメントと結合するミオシン頭部の数が多いほど，大きな張力が発生する。**図2**のサルコメアの長さを図示する。

● サルコメアの長さが3.5 µmのとき

張力が0，つまり，アクチンフィラメントとミオシンフィラメントの重なりがちょうどなくなったときで，

<u>アクチンフィラメントの長さ×2＋ミオシンフィラメントの長さ＝3.5 µm</u>
となっている。

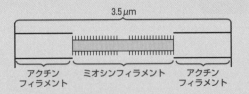

3.5 μm

アクチン　　　ミオシン　　　アクチン
フィラメント　　フィラメント　　フィラメント

● サルコメアの長さが2.2 μm のとき

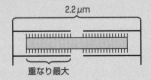

2.2 μm

重なり最大

　張力が最大の100，つまり，アクチンフィラメントと結合したミオシン頭部の数が最大となっているときである。

● サルコメアの長さが2.0 μm のとき

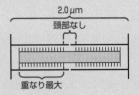

2.0 μm

頭部なし

重なり最大

　張力が最大の100のまま変化しない，つまり，アクチンフィラメントと結合したミオシン頭部の数は最大のままで増えていない。これは，ミオシンフィラメントの中央にはミオシン頭部のない領域が存在するためで，その長さは，サルコメアの長さが2.2 μm のときと2.0 μm のときの図を比べて，

　　2.2 − 2.0 ＝ 0.2 μm

となる。また，サルコメアの長さが3.5 μm のときに比べて，

　　3.5 − 2.0 ＝ 1.5 μm

短くなったが，これは，図からわかるようにミオシンフィラメントの長さに相当する。よって， 5 は①， 6 は⑤となる。また，サルコメアの長さが3.5 μm のとき，

　　アクチンフィラメントの長さ×2 ＋ミオシンフィラメントの長さ＝3.5 μm

となっているので，ミオシンフィラメントの長さ＝1.5を代入すると，アクチンフィラメントの長さ＝1.0 μm となる。よって， 3 は①， 4 は⑩

となる。

[3] 次の図に示すようにサルコメアの長さが3.5 μm から2.3 μm へ短くなった分の長さが，アクチンフィラメントがミオシンフィラメントと重複している部分の長さの2倍となっている。

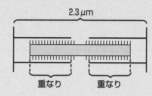

よって，1本のアクチンフィラメントがミオシンフィラメントと重複している部分の長さは，

$(3.5 - 2.3) \div 2 = 0.6$ μm

となる。よって，7 は⑩，8 は⑥となる。

[解答] **[1]** 1：⑧　　2：⑥

　　　　[2] 3：①　　4：⑩　　5：①　　6：⑤

　　　　[3] 7：⑩　　8：⑥

46 中規模かく乱仮説
（2018 埼玉医科大改）

　図は，オーストラリアのグレートバリアリーフのサンゴ礁外側斜面で生きたサンゴの被度（海底を占める割合）とサンゴの種数との関係を示したグラフである。△は北側斜面での，○は南側斜面での調査結果である。サンゴの被度と種数との間には曲線で示した関係が認められた。サンゴ礁の北側斜面は南側斜面よりも台風による強い波の被害を受けやすく，サンゴが岩からはがれやすい場所でもある。調査結果から推定できることとして最も適切なものを，次の①〜⑤のうちから１つ選べ。

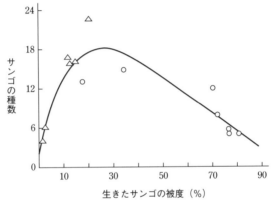

　図　サンゴの被度とサンゴの種数との関係

① 生きたサンゴの被度は，かく乱の強さに比例する。
② 生きたサンゴの被度とサンゴの種数とは反比例する。
③ かく乱の程度が弱いところではサンゴの種数が多い。
④ かく乱の程度が強いところに生息する種は，かく乱の程度が中程度のところでは生息できない。
⑤ かく乱の程度が中程度のところでは多くのサンゴの種が共存できる。

解説編

問題文を読んで，**どこに注目，注意すればよいか**を確認しよう！

　図は，オーストラリアのグレートバリアリーフのサンゴ礁 外側斜面で生きたサンゴの被度（海底を占める割合）とサンゴの種数との関係を示したグラフである。△は北側斜面での，○は南側斜面での調査結果である。サンゴの被度と種数との間には曲線で示した関係が認められた。サンゴ礁の北側斜面は南側斜面よりも台風による強い波の被害を受けやすく，サンゴが岩からはがれやすい場所でもある。調査結果から推定できることとして最も適切なものを，次の①〜⑤のうちから１つ選べ。

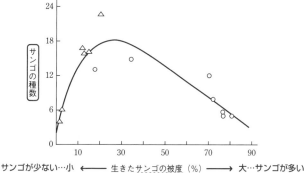

図 サンゴの被度とサンゴの種数との関係

①　生きたサンゴの被度は，かく乱の強さに比例する。

②　生きたサンゴの被度とサンゴの種数とは反比例する。

③　かく乱の程度が弱いところではサンゴの種数が多い。

④　かく乱の程度が強いところに生息する種は，かく乱の程度が中程度のところでは生息できない。

⑤　かく乱の程度が中程度のところでは多くのサンゴの種が共存できる。

まず，本文と図からサンゴの被度と
サンゴの種数について次のことがわ
かる。

●北側斜面（図の△）

台風による強い波（かく乱）の被害
が大きく，サンゴの被度が小さい。

●南側斜面（図の〇）

台風による強い波（かく乱）の被害
が小さく，サンゴの被度が大きい。

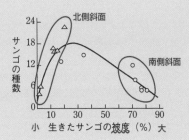

図 サンゴの被度とサンゴの
種数との関係

図の曲線から，サンゴの被度が大きくても小さくてもサンゴの種数が少
ないことがわかる。言い換えると，**かく乱の程度が弱くても強くてもサン
ゴの種数が少ない**ことがわかる。この理由は次のようになる。

●かく乱の程度が強い（サンゴの被度が小さい）とき

かく乱に弱い種はいなくなり，かく乱に強い種だけが残るため，サンゴ
の種数が少なくなる。

●かく乱の程度が弱い（サンゴの被度が大きい）とき

種間競争が激しくなり，種間競争に弱い種がいなくなり，種間競争に強
い種だけが残るため，サンゴの種数が少なくなる。

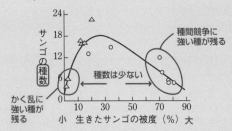

図 サンゴの被度とサンゴの種数との関係

選択肢を検討する。

①，② 誤り。図の曲線から，生きたサンゴの被度とサンゴの種数との間に，比例関係や反比例関係は見られない。

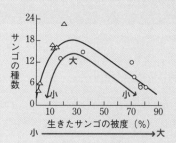

図 サンゴの被度とサンゴの種数との関係

③ 誤り。かく乱の程度が弱いところは，生きたサンゴの被度が高いところなので，図の曲線からサンゴの種数は少ない。

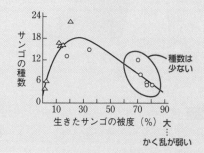

図 サンゴの被度とサンゴの種数との関係

④ 誤り。かく乱の程度が強いところに生息する種は，かく乱の程度が中程度のところでも生息すると考えられる。

⑤ 正しい。かく乱の程度が中程度のところでは，かく乱に強い種や種間競争に強い種以外にもさまざまな種が生息するため，多くのサンゴの種が共存できると考えられる。

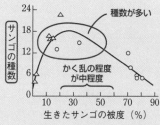

図 サンゴの被度とサンゴの種数との関係

[解答] ⑤

　草本植物群落の構造が群落全体の物質生産にどのように関わっているかは，群落の生産構造図から知ることができる。**図1**および**図2**は典型的な生産構造図を示している。

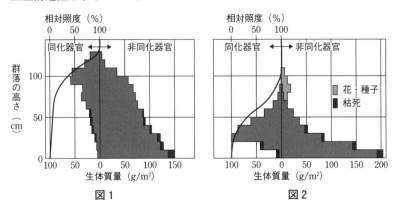

図1　　　　　　　　　　　　　図2

問1　**図1**のような生産構造図が見られる植物の組み合わせとして，次の①〜⑧のうちから最も適当なものを1つ選べ。

① ススキ，アカザ，チカラシバ　　② ススキ，アカザ，ダイズ

③ ススキ，チカラシバ，ダイズ　　④ アカザ，ススキ，ミゾソバ

⑤ アカザ，チカラシバ，ダイズ　　⑥ アカザ，チカラシバ，ミゾソバ

⑦ アカザ，ダイズ，ミゾソバ　　　⑧ チカラシバ，ダイズ，ミゾソバ

問2　**図1**と**図2**を比較した結果を正しく記述しているのはどれか，次の①〜⑤のうちから最も適当なものをすべて選べ。

① **図1**の型は，葉が上層に集中し，群落内部では急激に光は弱くなる。

② **図2**の型は，下層にも葉があり，群落内部まで光がよく届く。

③ 葉の重量に比べて茎の重量の割合が大きいのは**図1**の型だけである。

④ 葉の重量に比べて茎の重量の割合が大きいのは**図2**の型だけである。

⑤ **図1**の型も**図2**の型も群落の高さと光の利用の仕方に違いはない。

解説編

問題文を読んで，**どこに注目，注意すればよいか**を確認しよう！

　　草本植物群落の構造が群落全体の物質生産にどのように関わっているか
は，群落の生産構造図から知ることができる。**図1**および**図2**は典型的な
生産構造図を示している。

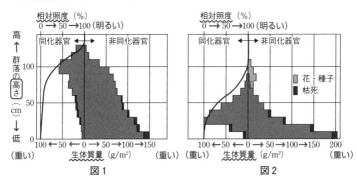

図1　　　　　　　　　　　　　**図2**

問1 **図1**のような生産構造図が見られる植物の組み合わせとして，次の
①〜⑧のうちから最も適当なものを1つ選べ。

① ススキ，アカザ，チカラシバ　　　② ススキ，アカザ，ダイズ

③ ススキ，チカラシバ，ダイズ　　　④ アカザ，ススキ，ミゾソバ

⑤ アカザ，チカラシバ，ダイズ　　　⑥ アカザ，チカラシバ，ミゾソバ

⑦ アカザ，ダイズ，ミゾソバ　　　　⑧ チカラシバ，ダイズ，ミゾソバ

問2 **図1**と**図2**を比較した結果を正しく記述しているのはどれか，次の
①〜⑤のうちから最も適当なものをすべて選べ。

① **図1**の型は，葉が上層に集中し，群落内部では急激に光は弱くなる。

② **図2**の型は，下層にも葉があり，群落内部まで光がよく届く。

③ 葉の重量に比べて茎の重量の割合が大きいのは**図1**の型だけである。

④ 葉の重量に比べて茎の重量の割合が大きいのは**図2**の型だけである。

⑤ **図1**の型も**図2**の型も群落の高さと光の利用の仕方に違いはない。

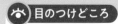
　図1は**広葉型**，図2は**イネ科型**とよばれるもので，どちらも**層別刈取法**によって得られた結果をもとにつくられた**生産構造図**である。図1と図2には，相対照度，群落の高さ，同化器官または非同化器官の生体質量という3つのデータが描き込まれており，読み取りには細心の注意が必要となる。**同化器官とは，光合成を行う葉であり，非同化器官（地上部）とは茎や花，種子**のことである。図1と図2のデータからそれぞれの図が示す植物体をイメージできるかがポイントとなる。

●図1の植物体について

同化器官の生体質量と群落の高さ：群落の上層に集中している。つまり，群落の上層に葉が集中しており，下層には葉がついていないことがわかる。

非同化器官の生体質量と群落の高さ：群落の上層から下層にかけていずれも多く，上層の葉を支えるために太く長い茎をもつと考えられる。

相対照度と群落の高さ：上層で急激に低下することから，上層についている葉によって下層に光が届かず，上層についている葉は水平に広がっていると考えられる。

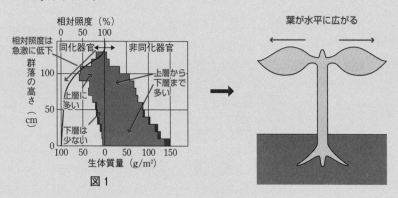

図1

● 図2の植物体について

同化器官の生体質量と群落の高さ：群落の上層から下層にかけて葉が存在していることがわかる。

非同化器官の生体質量と群落の高さ：群落の下層に集中しており，上層の葉を支えるために太い茎をもつと考えられる。

相対照度と群落の高さ：上層から下層にかけてゆるやかに低下することから，葉が斜めについており，下層まで光が届くと考えられる。

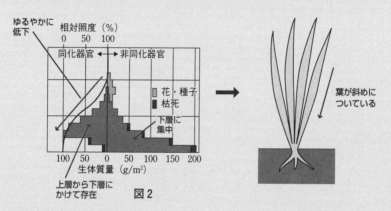

図2

問1 選択肢の植物は次のように分けられる。

広葉型：アカザ，ダイズ，ミゾソバ　　**イネ科型**：ススキ，チカラシバ

よって，正解は⑦となる。

問2 選択肢を検討する。

①，②　正しい。

③，④　誤り。どちらの型も，葉の重量に比べて茎の重量の割合が大きいことが図からわかる。

⑤　誤り。**図1**の型と**図2**の型では，光の利用の仕方が異なっている。**図1**の型では，上層に水平につけた葉で光を吸収して利用しているが，**図2**の型では，上層から下層に斜めにつけた葉で光を吸収して利用している。

[解答]　**問1** ⑦　　**問2** ①，②

48 物質生産
(2019 大阪工業大改)

図は人工林の年齢と総生産量，呼吸量の関係を模式的に示したものである。これによると，人工林のCO_2吸収能力は，最初の10年間は ア し，その後は イ していくと考えられる。なぜなら，20年以上の人工林では，CO_2固定量である ウ ，CO_2放出量である総呼吸量が増加し， エ ためである。

上の文章の空欄に入る語句の組み合わせとして最も適当なものを，次の①〜⑧の中から1つ選べ。

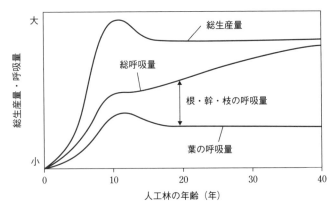

図 人工林の年齢と総生産量，呼吸量の関係

	ア	イ	ウ	エ
①	増加	低下	総生産量が一定になり	純生産量が低下する
②	増加	低下	純生産量が一定になり	総生産量が低下する
③	増加	低下	総生産量が低下し	純生産量が低下する
④	増加	低下	純生産量が低下し	総生産量が低下する
⑤	低下	増加	総生産量が一定になり	純生産量が増加する
⑥	低下	増加	純生産量が一定になり	総生産量が増加する
⑦	低下	増加	総生産量が増加し	純生産量が増加する
⑧	低下	増加	純生産量が増加し	総生産量が増加する

解説編

問題文を読んで，**どこに注目，注意すればよいか**を確認しよう！

　図は人工林の年齢と総生産量，呼吸量の関係を模式的に示したものである。これによると，人工林のCO_2吸収能力は，最初の10年間は　ア　し，その後は　イ　していくと考えられる。なぜなら，20年以上の人工林では，CO_2固定量である　ウ　，CO_2放出量である総呼吸量が増加し，　エ　ためである。

　上の文章の空欄に入る語句の組み合わせとして最も適当なものを，次の①〜⑧の中から１つ選べ。

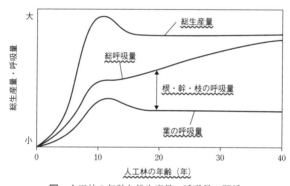

図　人工林の年齢と総生産量，呼吸量の関係

	ア	イ	ウ	エ
①	増加	低下	総生産量が一定になり	純生産量が低下する
②	増加	低下	総生産量が一定になり	総生産量が低下する
③	増加	低下	総生産量が低下し	純生産量が低下する
④	増加	低下	純生産量が低下し	純生産量が低下する
⑤	低下	増加	総生産量が一定になり	純生産量が増加する
⑥	低下	増加	総生産量が一定になり	総生産量が増加する
⑦	低下	増加	総生産量が増加し	純生産量が増加する
⑧	低下	増加	純生産量が増加し	総生産量が増加する

✓ 図で，葉の量は一定となるが，根や茎（幹・枝）は蓄積していくことに気づけたか。

　生産者の物質収支，すなわち，一定期間に光合成で獲得したエネルギーの使いみちは次のようになる。

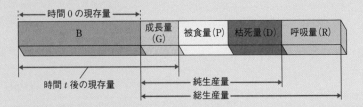

　総生産量とは，一定期間（例えば1年間）に生産者が行った光合成量であり，次のように表すことができる。

　　総生産量＝成長量＋被食量＋枯死量＋呼吸量

　生産者は一定期間のうちに呼吸をするので，総生産量から呼吸量を差し引いたものを**純生産量**といい，次のように表す。

　　純生産量＝総生産量－呼吸量＝成長量＋被食量＋枯死量

　また，生産者が一定期間のうちに消費者に食べられる量（**被食量**）と，枯死する量（**枯死量**）を，純生産量から差し引いたものが，生産者が一定期間のうちに成長した量（**成長量**）となる。

　　成長量＝純生産量－（被食量＋枯死量）

　図を検討する。

総生産量：10年でピークを迎え，その後は少し減少して20年以上ではほぼ一定となっている。つまり，光合成量が一定になると考えられる。

総呼吸量：増加が続く。根・幹・枝の量は一生増加していくためである。総生産量から総呼吸量を引いた値が純生産量となる。

根・幹・枝の呼吸量：増加が続く。

葉の呼吸量：10年以降は少し減少して20年以上ではほぼ一定となる。つ

まり，葉の量が一定になると考えられる。

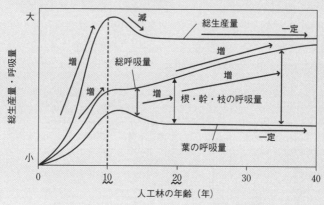

図　人工林の年齢と総生産量，呼吸量の関係

　図から，幼齢林（〜10年）のときは成長が盛んで，葉が増加して総生産量（光合成量）も増加していくことがわかる。高齢林（20年〜）になると，葉の呼吸量が一定になることから，葉の量が一定になると考えられる。葉が一定量以上増加しなくなるのは，樹木が成長すると下層に届く光が減少することや，他個体との光をめぐる競争が激しくなるためと考えられる。また，葉の量と異なり，根，幹，枝は成長とともに増加していくので，高齢林になっても総呼吸量は増加していく。幼齢林から高齢林を次のようにイメージすればよい。

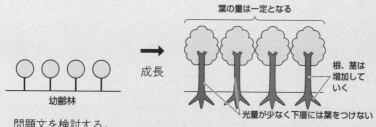

　問題文を検討する。

　 ア 　CO_2固定量が光合成量なので，人工林のCO_2吸収能力とは，総生産量（光合成量）から総呼吸量を差し引いた純生産量と考えられ，「増加」を入れる。

　 イ 　20年以降の総生産量（光合成量）はほぼ一定となっているが，総

呼吸量は増加していくので，人工林の CO_2 吸収能力（純生産量）は低下していくと考えられる。よって，「低下」を入れる。

　ウ　総生産量は一定となるので，「総生産量が一定になり」を入れる。

　エ　総生産量から総呼吸量を差し引いた純生産量は減少していくので，「純生産量が低下する」を入れる。

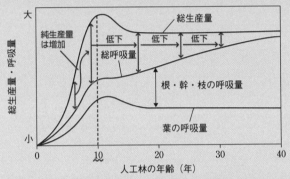

図　人工林の年齢と総生産量，呼吸量の関係

[解答] ①

第 6 章

与えられた
条件から
グラフの形を
推定する問題

　ヒトから精製したタンパク質A, あるいはAとは異なるタンパク質Bをある動物に注射して, 産生される抗体量を測定する実験を行った。以下の **問1** ～ **問3** のようにタンパク質AまたはBを注射した場合に産生される血液中の抗体量の時間経過を示したグラフとして, 最も適切なものをそれぞれ1つずつ答えなさい。グラフの横軸は日数, 縦軸はタンパク質Aに対する抗体とBに対する抗体の合計量（相対値）を示し, ↓は1回目の注射, ⇩は2回目の注射の時期を示す。ただし, この動物に初めてタンパク質AまたはBをそれぞれ単独で注射した場合, 同程度の時間経過で同程度の量の抗体が産生されるものとする。なお, 同じ選択肢を複数回答えてもよい。

問1 1回目も2回目もタンパク質Aを注射

問2 1回目にタンパク質B, 2回目にタンパク質Aを注射

問3 1回目にタンパク質A, 2回目にタンパク質AとBを注射

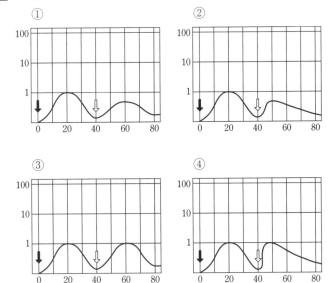

⑤

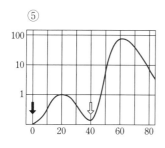

⑥

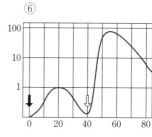

問題文を読んで，**どこに注目，注意すればよいか**を確認しよう！

異物
ヒトから精製した<u>タンパク質Ａ</u>，あるいはＡとは異なる<u>タンパク質Ｂ</u>を
ある動物に注射して，産生される抗体量を測定する実験を行った。以下の
問1 ～ **問3** のようにタンパク質ＡまたはＢを注射した場合に産生される
血液中の抗体量の時間経過を示したグラフとして，最も適切なものをそれ
ぞれ１つずつ答えなさい。グラフの横軸は日数，縦軸はタンパク質Ａに対
する抗体とＢに対する抗体の合計量（相対値）を示し，↓は１回目の注射，
⇓は２回目の注射の時期を示す。ただし，この動物に初めてタンパク質Ａ
またはＢをそれぞれ単独で注射した場合，同程度の時間経過で同程度の量
の抗体が産生されるものとする。なお，同じ選択肢を複数回答えてもよい。

問1 １回目も２回目もタンパク質Ａを注射 …一次応答と二次応答

問2 １回目にタンパク質Ｂ，２回目にタンパク質Ａを注射 …一次応答のみ

問3 １回目にタンパク質Ａ，２回目にタンパク質ＡとＢを注射
…一次応答と
二次応答

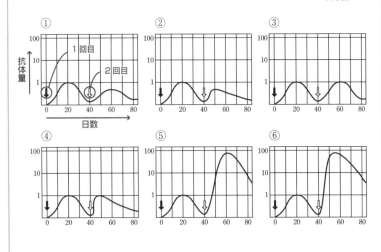

😊 目のつけどころ

✓ 選択肢の中で，二次応答の抗体産生量が一次応答の約100倍であることに気づけたか。

　ある動物にとって異物であるヒトタンパク質 A や B を注射すると，適応免疫の**体液性免疫**によって A や B に対する**抗体**がつくられる。適応免疫による反応には，**一次応答**と**二次応答**の二つがある。

一次応答：異物の侵入が１回目のときに起こる。抗体がつくられるまでに約２週間程度かかり，つくられる抗体量は少ない。抗体産生細胞の一部が記憶細胞として体内に残る。

二次応答：異物の侵入が２回目以降のときに起こる。記憶細胞がはたらくため，抗体がつくられるまでにかかる時間は一次応答よりも早く，つくられる抗体量は一次応答よりもかなり多い。

問1 １回目も２回目も同じタンパク質 A を注射するので，１回目に一次応答，２回目に二次応答が起こる。これを満たすグラフは⑥である。

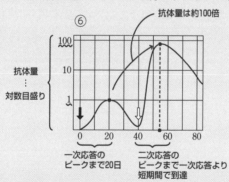

問2 １回目にタンパク質 B，２回目にタンパク質 A を注射するので，１回目に B に対する一次応答，２回目に A に対する一次応答が起こる。これを満たすグラフは③である。

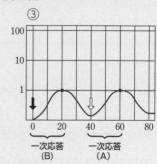

問3 1回目にタンパク質A，2回目にタンパク質AとBを注射するので，1回目にAに対する一次応答，2回目にAに対する二次応答とBに対する一次応答が起こる。選択肢のグラフの縦軸は「対数目盛り」となっているので値の大小の比較には注意する。⑥の一次応答では抗体量は約1（相対値）まで上昇しているが，⑥の二次応答では抗体量は約100（相対値）まで上

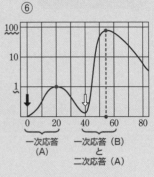

昇している。つまり，二次応答では一次応答の約100倍の抗体がつくられることがわかる。2回目にタンパク質AとBを注射したときに，Bに対する一次応答でつくられる抗体量は，Aに対する二次応答でつくられる抗体量に比べて極めて少なく，合計の抗体量は **問1** のAに対する二次応答とほぼ同じ程度と考えられる。よって，正解は⑥となる。

[解答] **問1** ⑥　　**問2** ③　　**問3** ⑥

----

50 自然浄化
(2016 愛知淑徳大改)

　図は，ある清流河川に汚水（下水）が流入した場合における，流入地点から下流にかけてのいくつかの物質の濃度およびいくつかの生物の個体数の変動を示したものである。ただし，河川の流速および流入する物質の量は一定とする。

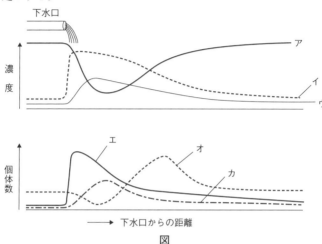

図

問1 図のア〜ウに該当する物質として最も適当なものを，次の①〜③のうちからそれぞれ一つずつ選べ。

① 溶存酸素　　② 有機物　　③ 無機塩類

問2 図のエ〜カに該当する生物として最も適当なものを，次の①〜③のうちからそれぞれ一つずつ選べ。

① 細菌　　② ゾウリムシなど　　③ 藻類

問3 図に関する記述として最も適当なものを，次の①〜④のうちから一つ選べ。

① 流入する汚水中の有機物を分解する主な担い手は，ゾウリムシなどである。

② 細菌が増殖することによって，無機塩類の減少が引き起こされる。

③ 酸素の増加が藻類の増加の主要な原因となる。

④ 細菌の増殖が酸素の減少の主要な原因である。

解説編

問題文を読んで，**どこに注目，注意すればよいか**を確認しよう！

多くの有機物（汚れ）を含む」

図は，ある清流河川に汚水（下水）が流入した場合における，流入地点から下流にかけてのいくつかの物質の濃度およびいくつかの生物の個体数の変動を示したものである。ただし，河川の流速および流入する物質の量は一定とする。

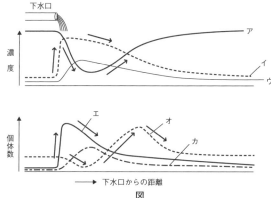

図

問1 図のア〜ウに該当する物質として最も適当なものを，次の①〜③のうちからそれぞれ一つずつ選べ。
① 溶存酸素　② 有機物　③ 無機塩類

問2 図のエ〜カに該当する生物として最も適当なものを，次の①〜③のうちからそれぞれ一つずつ選べ。
① 細菌　② ゾウリムシなど　③ 藻類

問3 図に関する記述として最も適当なものを，次の①〜④のうちから一つ選べ。
① 流入する汚水中の有機物を分解する主な担い手は，ゾウリムシなどである。
② 細菌が増殖することによって，無機塩類の減少が引き起こされる。
③ 酸素の増加が藻類の増加の主要な原因となる。
④ 細菌の増殖が酸素の減少の主要な原因である。

　河川や湖沼に流入した汚水には有機物が多く含まれているが，**希釈や沈殿，細菌などの分解者によるはたらきを受けて次第に減少していく。**この現象を自然浄化という。**図**は，自然浄化の過程を示している。自然浄化の過程は次のようになる。

①汚水流入地点（下水口）付近
- 汚水流入により水中の有機物濃度が上昇する。
- 有機物を栄養として取り込んで分解する好気性細菌が増殖する。

　　好気性細菌：酸素を利用して有機物を分解する，呼吸を行う細菌
- 好気性細菌の増殖により，水の透明度は低下する（濁る）。

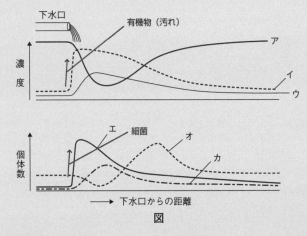

図

②汚水流入地点（下水口）から少し離れた下流
- 好気性細菌の呼吸により溶存酸素が減少する。
- 有機物の分解により生じた無機塩類の濃度が上昇する。
- 増殖した細菌を食べるゾウリムシなどが増殖する。
- 透明度低下により光合成ができず藻類が減少する。

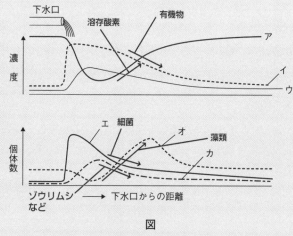

図

③汚水流入地点（下水口）からさらに離れた下流

- 有機物が減少していく。
- 有機物減少に伴って細菌も減少していく。
- 細菌減少に伴って捕食者のゾウリムシなども減少していく。
- 細菌やゾウリムシの減少により水の透明度が上昇する。
- 光合成量が増え，無機塩類（窒素やリン）を利用して藻類が増加していく。
- 増加した藻類の光合成により溶存酸素の濃度が上昇していく。

図

④汚水流入地点（下水口）からかなり離れた下流

- 透明度が高く光が水中によく届く環境でも，水中の無機塩類が減少するため，藻類は増殖できず減少していく。

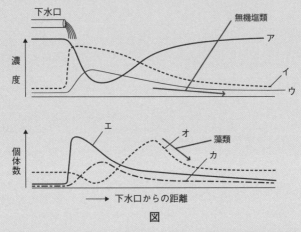

図

問1 アは下水口付近で急激に減少し，下流で再び増加しているので溶存酸素である。イは下水口付近で急増し，その後減少していくことから，汚水から流入した有機物である。ウはイよりも少し遅れて増加しているので，有機物の分解により生じる無機塩類である。

問2 エは下水口付近で急増し，その後減少していくことから細菌である。オは下水口付近で減少して再び増加し，下流では再び減少していくので藻類である。カはエの細菌よりも少し遅れて増加しているので，捕食者のゾウリムシなどである。

問3 選択肢を検討する。
① 誤り。流入する汚水中の有機物を分解する主な担い手は，細菌である。
② 誤り。細菌が増殖することによって，有機物が分解され，無機塩類は増加している。
③ 誤り。酸素の増加は，藻類の増加によって起こる。藻類の増加の主要な原因は，透明度上昇による光合成量増加である。

④ 正しい。好気性細菌の増殖により,溶存酸素が呼吸で消費されて減少する。

[解答] **問1** ア:①　　イ:②　　ウ:③

　　　 問2 エ:①　　オ:③　　カ:②

　　　 問3 ④

---

51 酵素反応のグラフ
（2019 川崎医科大改）

アミラーゼによるデンプンの加水分解反応について，実験1〜3を行った。

〔実験1〕 デンプン10 g を溶かした水溶液100 mL に，アミラーゼ0.1 g を加えて，35℃，pH 5 の条件で，基質分解量を測定した。

〔実験2〕 実験1からアミラーゼの量を変えて，反応終了までの時間を測定した（**図1**）。

〔実験3〕 実験1の条件から水溶液の pH を変えて，反応終了までに要する時間を測定した（**図2**）。

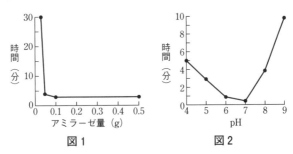

図1   図2

次のa〜cを反応条件とした場合，予想される反応曲線はそれぞれどれか。**図3**の①〜⑥から最も適当なものを一つずつ選べ。ただし，図中の実線のグラフは実験1の反応曲線を示す。

a：実験1の条件からアミラーゼ量のみを変え，0.05 g にする。

b：実験1の条件からデンプン量のみを変え，20 g にする。

c：実験1の条件から pH のみを変え，pH 7 にする。

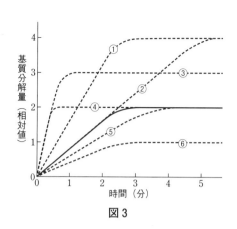

図 3

問題文を読んで，どこに注目，注意すればよいかを確認しよう！

アミラーゼによるデンプンの加水分解反応について，実験 1 ～ 3 を行った。

〔実験 1 〕 デンプン 10 g を溶かした水溶液 100 mL に，アミラーゼ 0.1 g を加えて，35 ℃，pH 5 の条件で，基質分解量を測定した。

〔実験 2 〕 実験 1 からアミラーゼの量を変えて，反応終了までの時間を測定した（**図 1** ）。

〔実験 3 〕 実験 1 の条件から水溶液の pH を変えて，反応終了までに要する時間を測定した（**図 2** ）。

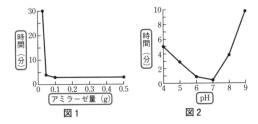

図 1   図 2

次の a ～ c を反応条件とした場合，予想される反応曲線はそれぞれどれか。**図 3** の①～⑥から最も適当なものを一つずつ選べ。ただし，図中の実線のグラフは実験 1 の反応曲線を示す。

a：実験 1 の条件からアミラーゼ量のみを変え，0.05 g にする。
b：実験 1 の条件からデンプン量のみを変え，20 g にする。
c：実験 1 の条件から pH のみを変え，pH 7 にする。

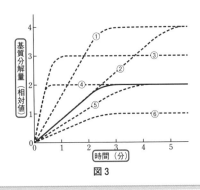

図 3

😎 **目のつけどころ**

✓ 図3で，反応曲線の接線の傾きが反応速度であることに気づけたか。

酵素アミラーゼにより，**基質**のデンプンがすべて加水分解されるまでの時間をさまざまな条件で調べる実験を行っている。

〔実験1〕

条件：デンプン10 g，アミラーゼ0.1 g，35 ℃，pH 5

結果：**図1**より，約3分で反応が終了している。

〔実験2〕

条件：デンプン10 g，**アミラーゼ量を変化**，35 ℃，pH 5

結果：**図1**より，アミラーゼ量が約0.02 gのときは約30分で反応が終了しているが，アミラーゼ量が0.1 g以上では反応終了までの時間は約3分とほぼ一定である。

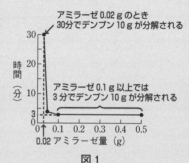

図1

〔実験3〕

条件：デンプン10 g，アミラーゼ0.1 g，35 ℃，**pHを変化**

結果：**図2**より，pH 7で反応終了までにかかる時間が最も短くなる。つまり，酵素アミラーゼの**最適pH**は7と考えられる。

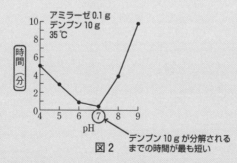

図2

実験1～3の結果をもとに，a～cの条件での反応曲線を**図3**から選ぶ。まず，**図3**のなかで実験1の反応曲線について理解する。**反応曲線の接線の傾きは，**$\dfrac{\text{基質分解量}}{\text{時間}}$**であり，これは酵素反応の反応速度を意味してい**

る。反応開始後の 0 ～ 2分では反応曲線は直線となり，接線の傾きが最大で一定，つまり，反応速度が最大で一定となっている。これは，酵素に対して基質が多く，ほぼすべての酵素が基質と結合し，**酵素－基質複合体**となっていることを意味している。その後，次第に接線の傾きが小さくなり，反応速度が低下していき，3分以降では基質がすべて分解され，接線の傾きは 0，つまり反応速度は 0 となる。

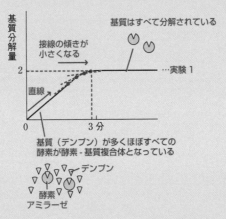

a ～ c を検討する。

a：実験1に比べ，**酵素のアミラーゼ量を $\frac{1}{2}$** の0.05 g にしている。

　酵素量が $\frac{1}{2}$ になるので，酵素－基質複合体の最大量も約 $\frac{1}{2}$ となり，反応開始直後の最大反応速度（傾き）は小さくなる。その結果，基質のデンプンがすべて加水分解されるまでの時間は長くなる（約2倍）が，基質のデンプン量は実験1と同量なので最終的に分解されるデンプン量は実験1と等しくなる。これを示すグラフに近いのは⑤である。また，**図1**でアミラーゼ量0.05 gのときに，反応終了までの時間がアミラーゼ0.1 gのときよりも長くなっていることが読み取れる。

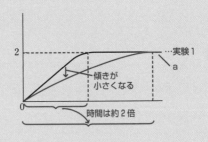

b：実験1に比べ，**基質のデンプン量を2倍**の20gにしている。

　基質量は2倍になるが，酵素量は等しいので，酵素−基質複合体の最大量は実験1と等しく，反応開始直後の最大反応速度も等しい。よって，反応開始直後は実験1と同じ傾きの直線で基質分解量が増加していくが，基質のデンプン量は2倍なので，デンプンがすべて加水分解されるまでの時間は約2倍となり，最終的に分解されるデンプン量も2倍となる。これを示すグラフに近いのは②である。

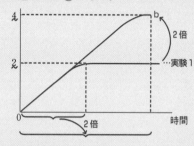

c：実験1に比べ，**pHを最適pH**のpH7にしている。

　酵素量とデンプン量は同じだが，最適pHになるので，反応速度（傾き）は大きくなる。その結果，基質のデンプンがすべて加水分解されるまでの時間は短くなるが最終的に分解されるデンプン量は変わらない。これを示すグラフに近いのは④である。

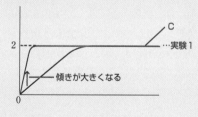

[解答]　a：⑤　　b：②　　c：④

52 呼吸の実験
（2015 麻布大学改）

呼吸に関する次の実験を行った。

〔実験〕　細胞から取り出したミトコンドリアを，適切な反応溶液（コハク酸，ADP は入っていない）に入れて密閉した。その後20℃に保ち，時間経過に伴い溶液中の酸素濃度がどのように変化するか調べた結果が，下のグラフである。1分後に十分な量のコハク酸，2分後に少量の ADP を反応溶液に添加している。

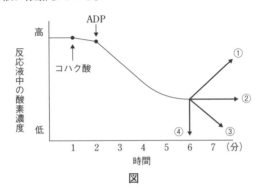

図

問1 実験に関して，反応開始から2分後に ADP を反応液中に加えると，酸素濃度が低下した。この理由として正しいものを，①～④より1つ選んで番号を答えよ。なお，反応溶液中にリン酸は十分な量が含まれている。

① コハク酸と ADP の反応によって，酸素が消費されるため。

② ADP と酸素が反応して，ATP が合成されたため。

③ e⁻・水素イオン・酸素から水ができる反応が止まったので，ADP とリン酸から ATP が合成される反応が止まったため。

④ ADP とリン酸から ATP が合成される反応が進み，それに伴って，e⁻・水素イオン・酸素から水ができる反応も進んだため。

問2 反応開始から6分後に ADP を反応液中に添加すると，酸素濃度はどのような変化をすると考えられるか。正しいものを図中の①～④より1つ選んで番号を答えよ。なお，6分後にも反応溶液中に酸素は存在する。

解説編

問題文を読んで，**どこに注目，注意すればよいか**を確認しよう！

呼吸に関する次の実験を行った。

〔実験〕 細胞から取り出した ミトコンドリア を，適切な反応溶液（コハク酸，ADP は入っていない）に入れて密閉した。その後20℃に保ち，時間経過に伴い溶液中の酸素濃度がどのように変化するか調べた結果が，下のグラフである。1分後に十分な量のコハク酸，2分後に少量のADP を反応溶液に添加している。

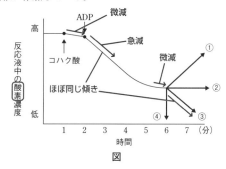

図

問1 実験に関して，反応開始から2分後にADPを反応液中に加えると，酸素濃度が低下した。この理由として正しいものを，①〜④より1つ選んで番号を答えよ。なお，反応溶液中にリン酸は十分な量が含まれている。

① コハク酸とADPの反応によって，酸素が消費されるため。

② ADPと酸素が反応して，ATPが合成されたため。

③ e⁻・水素イオン・酸素から水ができる反応が止まったので，ADPとリン酸からATPが合成される反応が止まったため。

④ ADPとリン酸からATPが合成される反応が進み，それに伴って，e⁻・水素イオン・酸素から水ができる反応も進んだため。

問2 反応開始から6分後にADPを反応液中に添加すると，酸素濃度はどのような変化をすると考えられるか。正しいものを図中の①〜④より1つ選んで番号を答えよ。なお，6分後にも反応溶液中に酸素は存在する。

✓ 図で，ADP とコハク酸がそろうと酸素消費が急増することに気づけたか。

　呼吸におけるコハク酸と ADP の関係は次のようになる。**マトリックス**のコハク酸脱水素酵素が基質のコハク酸から電子を取り出し，補酵素 FAD を介してミトコンドリア内膜の**電子伝達系**に渡す。電子伝達系を電子が移動し，水素イオンがマトリックスから膜間腔へ運ばれ，水素イオンの濃度差が形成される。この水素イオンの濃度差を利用して，**ATP 合成酵素**を介した水素イオンの受動輸送が膜間腔からマトリックスへ起こると，ADP とリン酸から ATP が合成される。また，電子伝達系を移動した電子は，水素イオンや水素と結合して水となる。

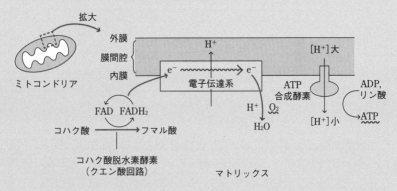

問1 図では，1 分後に基質のコハク酸を十分な量加えても酸素消費がほとんど起こっていない。これは，ADP がなければ，ATP 合成酵素を介した水素イオンの受動輸送が起こらず，内膜を介した水素イオンの濃度差がすぐに上限に達してしまうためである。上限に達すると，電子伝達系での水素イオンの輸送に対する抵抗が大きくなり，電子は電子伝達系をほとんど流れなくなる。その結果，ミトコンドリア内膜の電子伝達系でほとんど酸素消費が起こらず，ATP 合成も起こらない。

内膜

H⁺

e⁻　e⁻

[H⁺]大

…ADP なし

O₂

[H⁺]小

H₂O　ほとんど消費されない

コハク酸
ほとんど消費されない！

　2分後に ADP を加えると，ADP とリン酸から ATP が合成されるため，ATP 合成酵素を介した水素イオンの受動輸送が起こり，内膜を介した水素イオンの濃度差が減少する。その結果，電子伝達系での水素イオンの輸送に対する抵抗が小さくなり，電子伝達系で電子が流れやすくなるため，酸素が消費されるようになる。よって，④が正解となる。

問2　6分後には加えた少量の ADP がなくなり，内膜を介した水素イオンの濃度差が再び上限に達し，電子伝達系での水素イオンの輸送に対する抵抗が大きくなるため，電子が電子伝達系を流れにくくなる。その結果，酸素消費がほとんどなくなる。ここで ADP を加えると，再び ADP とリン酸から ATP が合成されるため，ATP 合成酵素を介した水素イオンの受動輸送が起こり，内膜を介した水素イオンの濃度差が減少する。その結果，電子伝達系で電子が再び流れやすくなるため，2分後と同様に酸素が消費されるようになる。よって，③が正解となる。

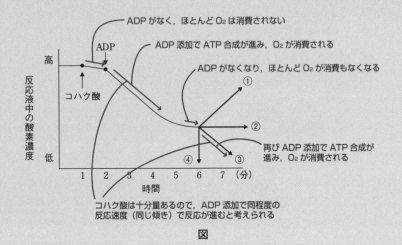

図

[解答] 問1 ④　　問2 ③

---

53 個体群

(2019 北海道科学大改)

問1 縄張りをつくる動物では，図1のように縄張りの大きさが決定されると考えられている。個体群において，個体群密度が上昇した場合，利益に変化がないとすると，コストは図1中のG, Hのうち，どちらの方向へ移動するか（破線が移動後を示している）。また，その結果，最適な縄張りの大きさはどのようになると考えられるか。組合せとして正しいものを，下の(ア)～(カ)のうちから一つ選べ。

問2 群れをつくる動物では，図2のように群れの大きさが決定されると考えられている。個体群において，捕食者が増加した場合，争いに費やす時間に変化がないとすると，警戒に費やす時間はG, Hのうち，どちらの方向に移動するか（破線が移動後を示している）。また，その結果，最適な群れの大きさはどのようになると考えられるか。組合せとして正しいものを，下の(ア)～(カ)のうちから一つ選べ。

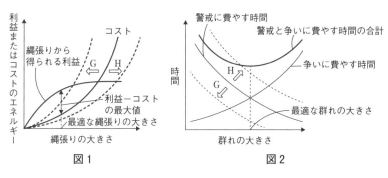

図1　図2

	移動方向	最適な縄張りの大きさ
(ア)	G	大きくなる
(イ)	G	小さくなる
(ウ)	G	変化しない
(エ)	H	大きくなる
(オ)	H	小さくなる
(カ)	H	変化しない

問題文を読んで，**どこに注目，注意すればよいか**を確認しよう！

問1 縄張りをつくる動物では，**図1**のように縄張りの大きさが決定されると考えられている。個体群において，個体群密度が上昇した場合，利益に変化がないとすると，コストは**図1**中のG，Hのうち，どちらの方向へ移動するか（破線が移動後を示している）。また，その結果，最適な縄張りの大きさはどのようになると考えられるか。組合せとして正しいものを，下の（ア）～（カ）のうちから一つ選べ。

問2 群れをつくる動物では，**図2**のように群れの大きさが決定されると考えられている。個体群において，捕食者が増加した場合，争いに費やす時間に変化がないとすると，警戒に費やす時間はG，Hのうち，どちらの方向に移動するか（破線が移動後を示している）。また，その結果，最適な群れの大きさはどのようになると考えられるか。組合せとして正しいものを，下の（ア）～（カ）のうちから一つ選べ。

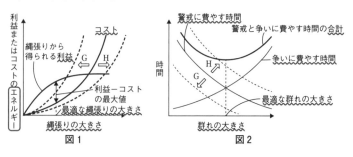

図1　　　　　　　　　　　図2

	移動方向	最適な縄張りの大きさ
（ア）	G	大きくなる
（イ）	G	小さくなる
（ウ）	G	変化しない
（エ）	H	大きくなる
（オ）	H	小さくなる
（カ）	H	変化しない

👁 目のつけどころ

✓ 図1で，個体群密度が上昇すると，縄張りの防衛にかかるコストが増大することに気づけたか。

問1 右の図に示すように，**縄張りから得られる利益と縄張りの防衛にかかるコストの差が最大となるとき**の縄張りの大きさが，最適な縄張りの大きさとなる。

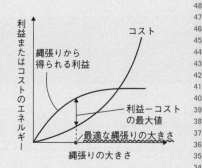

個体群密度が上昇すると，縄張りに侵入する他個体が増えるため，縄張りの防衛にかかるコストが上昇すると考えられる。よって，コストを示す新しい曲線はGとなる。縄張りから得られる利益に変化がないとすると，縄張りから得られる利益と縄張りの防衛にかかるコストの差が最大となるのは右の図のようになり，最適な縄張りの大きさは小さくなる。よって正解は(イ)となる。

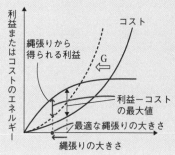

問2 次の図に示すように，警戒に費やす時間と争いに費やす時間の和が最小となるとき，残りの時間をおもに摂食に使えるため，このときの**群れの大きさ**が，最適な群れの大きさとなる。

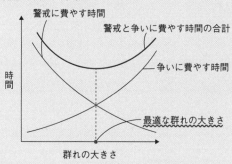

捕食者が増加した場合，警戒に費やす時間が増えると考えられるので，警戒に費やす時間の新しい曲線は H となる。争いに費やす時間に変化がないとすると，警戒に費やす時間と争いに費やす時間の合計は次の図のようになり，最適な群れの大きさは大きくなる。よって，正解は（エ）となる。

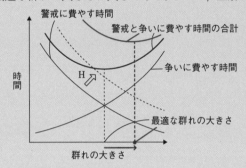

[解答]　問1（イ）　　問2（エ）

54 最終収量一定の法則
（2019 熊本大改, 2011 信州大学改）

同じ面積の畑をいくつか用意し，ダイズの種子を異なる密度でまいた。**図1**は，まいた種子の密度と個体の乾燥重量である。また，**図2**は，まいた種子の密度と単位面積あたりの個体群の乾燥重量を表している。図中の日数は，種子をまいてからの日数を示している。**図1**と**図2**から，個体の成長と，個体群全体の重量に関する下の①〜④の記述について，正しい文には○を，誤っている文には×を答えよ。

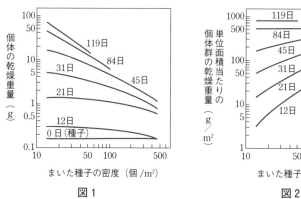
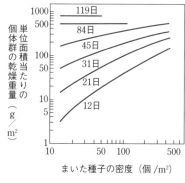

| 図1 | 図2 |

まいた種子の密度がダイズの個体と個体群の乾燥重量（収量）に及ぼす影響

注1：図中の日数は，種子を土壌にまいてからの生育日数を示す。

① 芽生えて間もない頃は，高密度でまいた区画の方が単位面積あたりの個体群の重量が大きい。

② 高密度で種子をまいたとき，個体間の競争は時間とともに激しくなる。

③ 密度の異なる区画間で比較したとき，単位面積あたりの個体群の重量の差は，時間にかかわらずほぼ一定である。

④ 生育日数が進むほど図中の線が短くなるのは，競争により枯死する個体が生じて個体群密度が減少するためである。

問題文を読んで，どこに注目，注意すればよいかを確認しよう！

　　同じ面積の畑をいくつか用意し，ダイズの種子を異なる<u>密度</u>でまいた。<u>**図1**</u>は，まいた種子の密度と個体の乾燥重量である。また，<u>**図2**</u>は，まいた種子の密度と単位面積あたりの個体群の乾燥重量を表している。図中の<u>日数</u>は，種子をまいてからの日数を示している。**図1**と**図2**から，個体の成長と，個体群全体の重量に関する下の①〜④の記述について，正しい文には○を，誤っている文には×を答えよ。

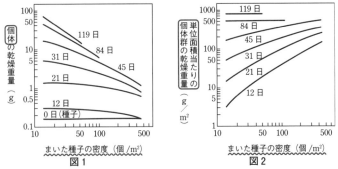

まいた種子の密度がダイズの個体と個体群の乾燥重量（収量）に及ぼす影響

<u>注１：図中の日数は，種子を土壌にまいてからの生育日数を示す。</u>

① 芽生えて間もない頃は，<u>高密度</u>でまいた区画の方が単位面積あたりの<u>個体群の重量が大きい</u>。
② <u>高密度</u>で種子をまいたとき，個体間の<u>競争</u>は時間とともに<u>激しくなる</u>。
③ 密度の異なる区画間で比較したとき，<u>単位面積あたりの個体群の重量の差</u>は，時間にかかわらずほぼ一定である。
④ 生育日数が進むほど図中の線が短くなるのは，<u>競争により枯死する個</u>体が生じて個体群密度が減少するためである。

👁 **目のつけどころ**

✓ 図2で，まいた種子の密度によらず最終収量がほぼ一定になることに気づけたか。

　個体群密度が変化することで，個体の成長や生理活動が影響を受けることを**密度効果**という。図1と図2から，植物の密度効果がわかる。**図1と図2では縦軸と横軸の両方が対数目盛となっており，広範囲の値を図示**している。

　図1では，まいた種子の密度（個体群密度）が小さいほど，生育日数が進むと個体の乾燥重量が大きくなっている。また，まいた種子の密度（個体群密度）が大きいと，生育日数が進んでも個体の乾燥重量はあまり大きくならない。これは，**個体群密度が大きいと，葉が重なりあい，下層の葉が枯死するため**である。

　図2では，種子をまいてからまだ日数が短いとき，まいた種子の密度が大きいほうが個体群の乾燥重量は大きいが，生育日数が進むにつれて，**密度によらず単位面積当たりの個体群の乾燥重量はほぼ同じ値になっていく**ことがわかる。

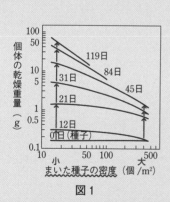

図1

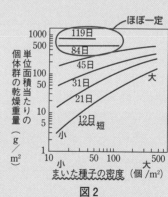

図2

選択肢を検討する。

① 正しい。芽生えて間もない頃は，高密度でまいた区画のほうが単位面積当たりの個体群の重量が大きい。

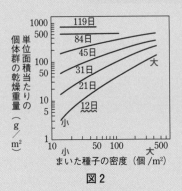

図2

② 正しい。高密度で種子をまいたとき，個体間の競争は時間とともに激しくなる。例えば，**図1**で生育日数が進んでも，高密度のときは個体の乾燥重量が低密度のときよりもあまり大きくはならないことから推測できる。

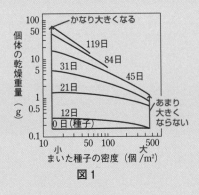

図1

③ 誤り。密度の異なる区画間で比較したとき，単位面積当たりの個体群の重量の差は，生育日数が進むほど小さくなる。例えば，12日と45日で比べると右の図のようになる。

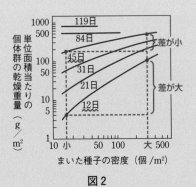

図2

④ 正しい。日数が進むほど図中の線が短くなるのは，高密度でまいた区画では光や土壌の養分をめぐる競争により枯死する個体が生じ，個体数が減少して個体群密度も減少するためである。

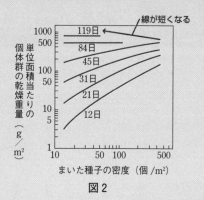

図2

[解答] ① ○　② ○　③ ×　④ ○

図1のように種Rおよび種Sの個体数が推移する場合、種Rおよび種Sの個体数変動の関係を示すものを図2のI〜Lの中から1つ選び、記号で答えなさい。なお、図2において、それぞれの個体数の関係は矢印の方向へ推移するものとする。

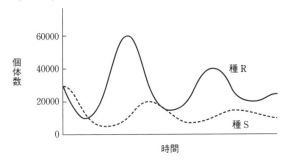

図1 密度が安定化に向かう種Rおよび種Sの個体数推移

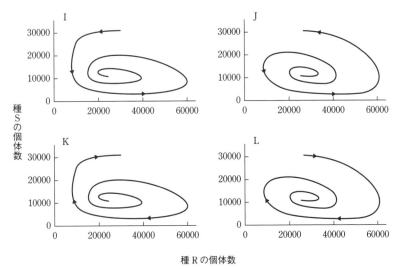

図2 図1の場合における種Rおよび種Sの個体数変動の関係の選択肢

解説編

問題文を読んで，**どこに注目，注意すればよいか**を確認しよう！

　図1のように種Rおよび種Sの個体数が推移する場合，種Rおよび種Sの個体数変動の関係を示すものを**図2**のI〜Lの中から1つ選び，記号で答えなさい。なお，**図2**において，それぞれの**個体数の関係は矢印の方向**へ推移するものとする。

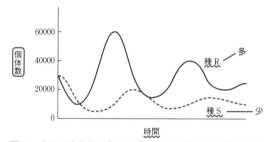

図1　密度が安定化に向かう種Rおよび種Sの個体数推移

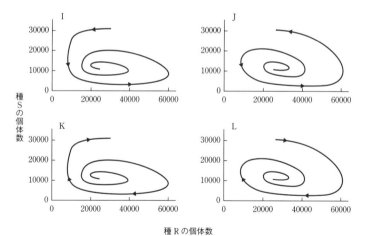

種Rの個体数

図2　図1の場合における種Rおよび種Sの個体数変動の関係の選択肢

☑ 図1で，種Sの増減は，種Rの増減よりも少し遅れて起こることに気づけたか。

　図1から次のことがわかる。

● 種Rのほうが種Sよりも個体数が多い（一般的に**被食者**のほうが捕食者よりも多い）。

● 種Sの増減は，種Rの増減よりも少し遅れて起こる（一般的に捕食者の増減は被食者の増減よりも少し遅れて起こる）。

　これらの事実から，種Rが被食者，種Sが捕食者と推定され，種Rと種Sは**被食者－捕食者相互関係**にあると考えられる。

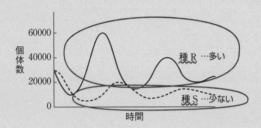

図1　密度が安定化に向かう種Rおよび種Sの個体数推移

　種Rおよび種Sの個体数変動の関係を示すものを**図2**のⅠ～Ｌの中から選ぶポイントは，次のようになる。

● 種Rの個体数変動の周期で増加のピークは徐々に減少している。

● 種Rの個体数の変動の周期で減少の底は徐々に増加している。

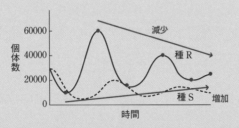

図1　密度が安定化に向かう種Rおよび種Sの個体数推移

- 種Sの増減は，種Rの増減よりも少し遅れて起こる。

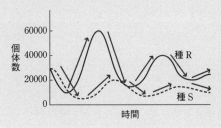

図1　密度が安定化に向かう種Rおよび種Sの個体数推移

これらをもとに，図を選ぶとⅠとなる。

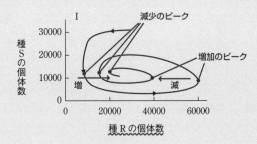

[解答] Ⅰ

おわりに

　この本を最後までやり遂げたみなさん，お疲れ様でした！

　どうでしょうか？　グラフ・データを読み取る55の例題を終えて，読む前と読んだ後の，自分の変化に何か気づきましたか？　おそらく，「実感がない」というのが正直なところではないでしょうか？

　人は自分自身の変化にはなかなか気づかないものです。勉強ができるようになったとか，生物の問題が解けるようになったかなんて，なおさらです。

　しかし，私たち教える側は違います。ついこの間まで全然できなかった生徒が，質問に来るたびにどんどん実力をつけていき，驚くことがよくあります。もちろん，そんな生徒本人は，自分の実力がどんどん上がっていることにはまったく気づいていませんが。

　この本を最後までやり遂げたみなさんは，これから入試に備えてさまざまな問題を解くでしょう。そのときにいつの間にか，問題でデータを見つけると，

「どれとどれを比較するのかな？」

とか，グラフを見つけると，

「縦軸や横軸の定義はどうなっている？」

という，まずやるべきことがわかるようになっているはずです。それこそまさに変化した自分です。グラフやデータが与えられた問題を解くうえで，大事な姿勢が身についている証拠なのです。

　グラフやデータを詳細に分析して読み取る力は，大学入試や生物学だけでなく，これから生きていく多くの場面で一生役立つでしょう。

もう少しだけアドバイス！

　改めて，この本を勉強し終えたみなさんに，身についたことを意識していただきたいと思います。

　学校や予備校のふだんの授業では，教科書に書いてある内容を理解することが中心になると思います。しかし，いざ入試問題にチャレンジしてみると，教科書で習った知識や理解だけでなく，問題で与えられたグラフやデータを正確に読み取らないと解けない問題が多いことに驚いた経験があるでしょう。

　大学に合格することに重点を置くと，高校生物の内容を理解しているだけでなく，図表やデータを短時間に分析して処理する能力が入試問題では要求されており，年々その傾向が顕著になっています。この本で身につけた技術によって，そのような入試問題が解けるようになり，志望校に合格する道が拓けると信じています。

　と，ここでお話を終えてもいいかなと思ったのですが，せっかくだからもう少しだけ！

　もっともっと効果を上げるために次のことを必ずやってください！

①何といっても2回目をやりましょう！（1回だけではもったいない！）

②2回目は1度に3〜5題復習しましょう！（2回目はもっと高速処理で！）

③そして，できれば書かないで！（グラフを見ただけで読み取ろう！）

1回目はどう考えていいかわからず，まちがえたり，いろいろ考えて図を描いてみたり…。正解したとしても試行錯誤したはずです。

1度解いて理解しただけで入試まで正確に覚えている人はごくわずかです。同じ問題を2回，3回と繰り返すことで定着し，記憶に残り，似たような問題に出会ったときに処理速度が上がります。是非とも2回目にトライしてください。

このとき1回目と同じように時間をかけて，あれこれノートに書いて解くのはやめましょう。解答をただノートに書いて満足するのは，復習ではなく実力向上に役立ちません。

問題文を読んで，図表やグラフを見て，頭の中で得られた情報を処理して答えを考える。そして，頭の中だけでイメージして答えを導けるように，意識して練習しましょう。

理想としては，グラフやデータを見た瞬間に，重要なことを読み取れるようになることです。さあ，復習を始めてください！

必ず役に立ちます

この本を手に取った人は今現在，生物や生物基礎を選択して学習しており，学年や学習進度など，それぞれ置かれた状況は異なっていることでしょう。

文系で生物基礎を学んでいる高校生もいれば，理系で大学入試のために生物を選択している人，中には大学に入ってから分子生物学や細胞生物学を学んでみたいと考えている人，さらに具体的に大学で免疫や進化について研究してみたいと夢を膨らませている人もいるかもしれません。

いずれにせよ，せっかく「生物学」と関係をもったみなさんには，

いつの日か，「生物」を学んでよかったと思える日が来ることを願っています。

　大学に入ってから授業で役立つかもしれません。
　就職して仕事で役立つかもしれません。
　病気になったときに役立つかもしれません。
　子供に何か尋ねられたときに役立つかもしれません。

　これから先，必ずどこかで，高校のときに「生物」を学習しておいてよかったと感じる場面があるでしょう。
　そういう私も仕事や勉強以外にも，日常生活で頻繁に「生物」で得た知識や考え方を使って快適に楽しく生きています。

「生物」の知識は日々アップデートされている

　私はよく，予備校の講師室で，物理や化学の先生と話します。物理や化学の先生は，口をそろえて以下のことをおっしゃいます。

「高校の教科書で扱う内容は長年あまり変わっていない」

　しかし，高校生物はどうでしょうか？
　高校で学習する生物の内容は，物理や化学と比べて過去20年の間に大きく変わりました。これは何を意味するのでしょうか？
　物理や化学と比べると，生物についてはまだまだ多くのことがわかっていないと言ってよいでしょう。
　小さな細胞１個の中で起こっていることすらまだ多くのことがわ

かっていません。今この瞬間も世界中の多くの研究者が時間を惜しんで全力で研究を行っています。

　その結果，過去20年の間に，多くの生命現象の謎が明らかになり，高校生物の教科書に追加され，学習内容が修正されてきました。

　このように「生物」という学問で，新しい発見が相次いでいることをみなさんも実感したことがあるはずです。

　ここ数年，日本人の研究者がノーベル医学・生理学賞を受賞した知らせをテレビのニュース番組などで聞いたことがあるでしょう。記憶に新しい受賞した研究者は，以下の方々です。

　iPS 細胞の作製に成功した山中伸弥博士

　オートファジーのしくみを解明した大隅良典博士

　がん治療薬のオプジーボの開発を行った本庶佑博士

　日本の研究環境は，欧米に比べると決して恵まれたものとは言えませんが，熱意と創意工夫によって日本人研究者は，生物学の多くの分野で世界をリードする研究を行っています。まさに日本の誇りです。

　これから先も多くの研究者によって，われわれが想像もしなかったような驚異の生命現象が次々に解明されるに違いありません。

　これからその担い手になるのが，現在，生物学を学んでいるみなさんであると私は確信しています。

　大学入試で生物を学ぶことは通過点に過ぎませんが，大事な一歩であることに違いありません。

2021年3月

駿台予備学校生物科講師　河崎 健吾

さくいん

【著者紹介】

河崎　健吾 （かわさき・けんご）

◉——駿台予備学校生物科専任講師。東京大学大学院総合文化研究科広域科学専攻生命環境系修了。

◉——学生時代からさまざまな予備校，塾で教鞭を執る。現在は，駿台予備学校専任講師として，お茶の水，市ヶ谷など都心部に出講。

◉——教壇に立つ傍ら，駿台全国マーク模試，ベネッセ共催模試，全国模試，東大実戦模試など多くの模試の出題を担当。また，旺文社大学入試問題詳解の執筆も担当している。

◉——ていねいな板書と，柔らかい語り口で構成される授業は，基礎事項はもちろん，難解な内容についても大事なポイントがわかりやすい，と幅広い受験生から支持を集める。

◉——著書に『イチから鍛える生物演習10min.』（学研プラス，共著）などがある。

かんき出版 学習参考書の
ロゴマークができました！

マナPenくん®

®

明日を変える。未来が変わる。

マイナス60度にもなる環境を生き抜くために，たくさんの力を蓄えているペンギン。
マナPenくんは，知識と知恵を蓄え，自らのペンの力で未来を切り拓く皆さんを応援します。

生物・生物基礎のグラフ・データの読み方が1冊でしっかりわかる本

2021年4月19日　　第1刷発行

著　者——河崎　健吾

発行者——齊藤　龍男

発行所——株式会社かんき出版

　　　　東京都千代田区麹町4-1-4　西脇ビル　〒102-0083

　　　　電話　営業部：03（3262）8011代　編集部：03（3262）8012代

　　　　FAX　03（3234）4421　　　　　　振替　00100-2-62304

　　　　https://kanki-pub.co.jp/

印刷所——大日本印刷株式会社